Controle Automático de Processos Industriais
Instrumentação

Blucher

LUCIANO SIGHIERI

**Ex-Chefe da Divisão de Instrumentação e Laboratórios
das Indústrias Químicas Eletro Cloro S/A**

AKIYOSHI NISHINARI

**Chefe do Serviço de Instrumentação
das Indústrias Químicas Eletro Cloro S/A**

Controle Automático de Processos Industriais
Instrumentação

2.ª Edição

Controle automático de processos industriais
© 1973 Luciano Sighieri
        Akiyoshi Nishinari
2ª edição – 1973
21ª reimpressão – 2018
Editora Edgard Blücher Ltda.

Blucher

Rua Pedroso Alvarenga, 1245, 4º andar
04531-934 – São Paulo – SP – Brasil
Tel.: 55 11 3078-5366
contato@blucher.com.br
www.blucher.com.br

FICHA CATALOGRÁFICA

Sighieri, Luciano
    Controle automático de processos
industriais : instrumentação / Luciano Sighieri,
Akiyoshi Nishinari – 2ª ed. – São Paulo : Blucher,
1973.

    Bibliografia.
    ISBN 978-85-212-0055-0

    1. Controle automático 2. Instrumentos
de engenharia I. Nishinari, Akiyoshi. II. Título.

03-6693   CDD-629.8

Índice para catálogo sistemático:
1. Controle automático : Engenharia   629-8

ÍNDICE

CAPÍTULO I

INTRODUÇÃO

SECÇÃO (1)

AUTOMAÇÃO E REGULAÇÃO AUTOMÁTICA

Estamos na era da automação.

A primeira revolução industrial, no fim do século passado, foi caracterizada pela substituição do trabalho muscular do homem por máquinas motrizes, ou seja, a mecanização. A automação é a introdução da mecanização não só desses trabalhos, mas também dos trabalhos mentais.

Na automação, o dispositivo automático observa sempre o resultado do seu trabalho e dá essa informação ao dispositivo principal (essa ação refletiva chama-se realimentação ou *feedback*). Este último compara a informação com um objetivo desejado, e, se existir diferença entre os dois, atua no sentido de diminuí-la para o mínimo valor possível. Pode-se dizer, portanto, que a noção fundamental da automação é radicada no *feedback*.

A automação tem três grandes campos, como mostra a classificação abaixo, apesar de que existem várias opiniões a esse respeito:

Automação $\begin{cases} \textit{Regulação automática:} \text{ trata do estado qualitativo do material.} \\ \textit{Automatização da produção (máquinas motrizes):} \text{ trata da forma externa ou dimensão geométrica do material.} \\ \textit{Computadores.} \end{cases}$

Como se vê, a regulação automática de processos industriais, que é o nosso caso, ocupa-se apenas de uma parte do vasto campo da automação e trata somente do controle, por meio de dispositivos automáticos, das diversas variáveis físicas e/ou químicas ocorrentes nos processos industriais.

Em alguns raros casos pode-se controlar também dimensões geométricas.

Na indústria química controla-se indiretamente a qualidade do material através das variáveis mais importantes dos processos, a saber: pressão, temperatura, vazão, nível, densidade, umidade, peso e outras variáveis.

Em alguns casos, porém, controla-se diretamente a qualidade do material por meio de analisadores automáticos.

SECÇÃO (2)

PROCESSO

Nas indústrias, o termo processo tem um significado amplo. Uma operação unitária, como, por exemplo, destilação, filtração ou purificação, é considerada um processo.

Mas, na regulação, um pedaço de tubo onde passa um fluxo ou um reservatório contendo água, ou seja o que for, denomina-se processo.

Isto quer dizer que processo é uma operação onde varia pelo menos uma característica física ou química de determinado material.

Como descreve-se posteriormente, o processo é um elo no ciclo de regulação e não deve ser considerado como um elemento completamente indiferente do sistema de regulação.

Portanto, antes de começar o estudo da regulação, é interessante conhecer as características dos processos e suas influências na regulação.

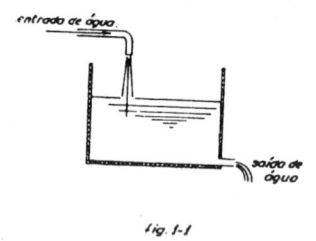

Fig. 1-1

Suponha um reservatório com alimentação constante de água e uma saída livre no fundo, como mostra a Fig. 1-1.

O nível se manterá a uma altura tal que entrada e saída estejam perfeitamente em equilíbrio.

Aumentando, e assim mantendo, a vazão de entrada, haverá naturalmente desequilíbrio entre a entrada e a saída. Como a entrada é maior, a tendência do nível será subir. Porém, à medida, que o nível sobe, a vazão da saída também aumenta devido a uma pressão maior no fundo do reservatório.

Isto levará o sistema inexoravelmente a um novo estado de equilíbrio, onde o nível permanecerá estável.

Note que o raciocínio inverso também é válido.

A essa característica dá-se o nome de *auto-regulação* e seu comportamento pode ser ilustrado na Fig. 1-2.

Imaginemos, agora, outro reservatório idêntico, mas cuja saída de água é mantida constante — por exemplo por meio de uma bomba, como mostra a Fig. 1-3.

Nesse caso, a um aumento qualquer da aliméntação, o nível aumentará de maneira contínua sem nunca encontrar novo estado de equilíbrio, porque a saída é sempre a mesma.

Esse tipo de processo não tem, portanto, a característica de auto-regulação e a relação entre a alimentação e o nível será como na Fig. 1-4.

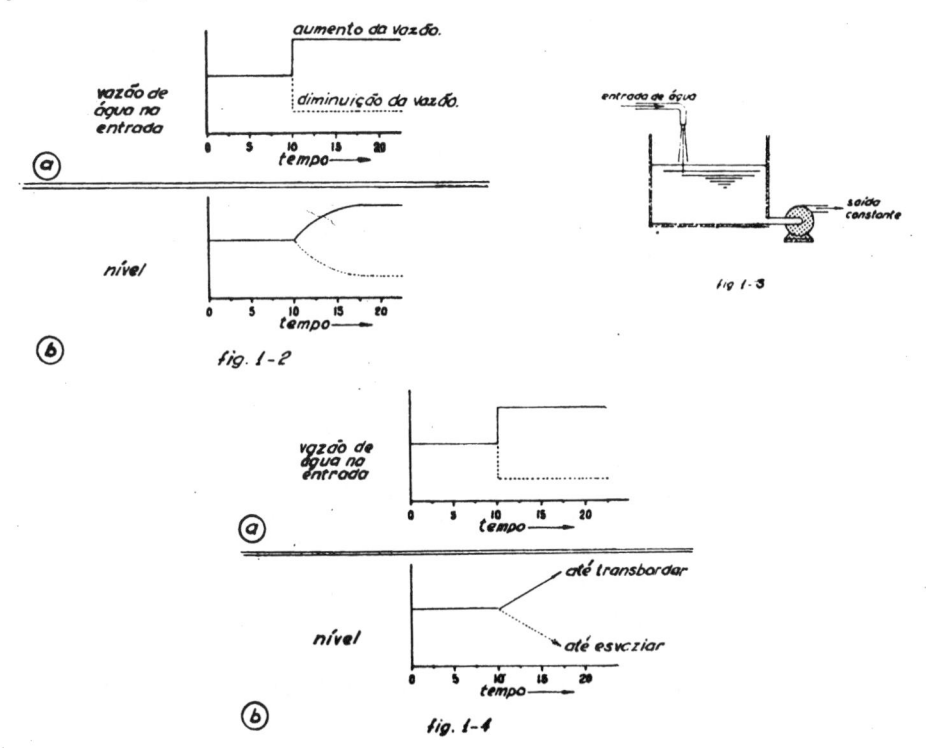

fig. 1-2

fig 1-3

fig. 1-4

De maneira geral, os processos dotados de auto-regulação são mais simples de serem regulados.

São difíceis e, às vezes, até impossíveis de serem regulados aqueles que não têm auto-regulação.

Como demonstrou-se em dois exemplos simples, cada processo tem sua própria característica e cada caso específico deve ser estudado detalhadamente antes de se aplicar a regulação, pois o processo faz parte do sistema.

SECÇÃO (3)

AS VANTAGENS DA REGULAÇÃO AUTOMÁTICA

A) Melhoria, em qualidade, do produto

Homens são sujeitos a erros devido ao cansaço ou à distração e agem cada um diferente do outro.

O mecanismo automático, pelo contrário, não sofre tal defeito, assaz prejudicial à homogeneidade do produto. Assim sendo, aos mesmos estímulos, reage de maneira sempre igual, durante as 24 horas do dia — o que quer dizer, em termos de qualidade do produto, melhoria quanto à uniformidade.

B) Aumento, em quantidade, da produção

A melhoria da operação dita acima evita as perdas por falhas humanas e economiza matéria-prima, energia e mão-de-obra, propiciando, portanto, aumento de produtividade.

C) Segurança

Dadas as razões acima mencionadas, o sistema com dispositivos automáticos garante operação mais segura.

SECÇÃO (4)

PRINCÍPIOS DE FUNCIONAMENTO

Quando se fala em regulação, deve-se necessariamente subentender uma medição, isto é, a informação que o regulador recebe. Recebida essa informação, o sistema regulador compara-a com um valor preestabelecido chamado *set point*, verifica a diferença entre ambos e age de maneira a diminuir essa diferença.

Para bem compreender o funcionamento de um controle automático, basta observar como agiria uma pessoa se tivesse que controlar manualmente uma variável.

Temos um exemplo corriqueiro em nossa vida diária: quando tomamos banho de chuveiro e temos à nossa disposição água quente e água fria, fazemos uma verdadeira regulação. Operando com as duas torneiras, procuramos dar à água a temperatura que desejamos. O que acontece é que nosso corpo age como um medidor de temperatura, nosso cérebro comporta a temperatura que desejamos com a medida e comanda, por intermédio de nossas mãos, a maior ou menor abertura das torneiras. Isto é regulação.

Vejamos outro exemplo.

Imagine um reservatório com uma entrada e uma saída de água.

Suponha que o nível da água se mantém constante e que para o aquecimento dessa água coloca-se uma serpentina de vapor. A tubulação de vapor compreende uma válvula na entrada e uma purga na saída da água condensada, como mostra a Fig. 1-5.

Um homem colocado de maneira que pudesse com uma das mãos sentir a temperatura da água na saída (como, à direita, na Fig. 1-5) e que, com a outra, pudesse operar a válvula de vapor, teria a possibilidade de controlar a temperatura da água.

O andamento dessa regulação seria o seguinte: 1) o homem sente com sua mão direita a temperatura da água na saída; 2) tal sensação, através de

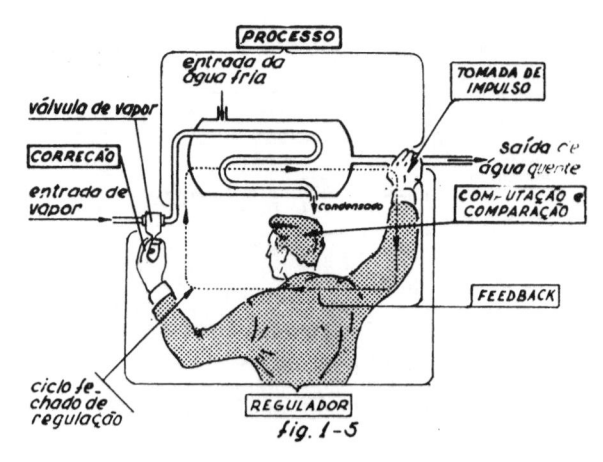

fig. 1-5

seus nervos, vai a seu cérebro; 3) este a compara com o valor desejado; 4) e verifica, então, a diferença existente entre ambos; 5) conforme a diferença encontrada, o cérebro, por intermédio dos nervos, comanda a mão esquerda para abrir ou fechar a válvula de entrada de vapor; 6) a alteração da entrada de vapor modifica a temperatura da água que sai do reservatório. O ciclo, então, se repete, pois o homem sente essa mudança de temperatura com sua mão direita, faz nova comparação e, conseqüentemente, nova correção na válvula de vapor e assim por diante.

Como se vê, a regulação é um ciclo fechado, o que vem a constituir o conceito fundamental que se pode chamar de *malha fechada* ou, em inglês, *closed loop*.

O próximo passo seria agora automatizar esse sistema, como segue:

1) Em lugar da mão direita do homem, coloca-se um termômetro a gás, no qual um aumento de temperatura causa aumento de pressão do gás dentro do recipiente que o contém. Transforma-se assim, a temperatura da água em pressão.

2) Em lugar da mão esquerda do homem, coloca-se uma válvula automática, a qual controla o fluxo de vapor para a serpentina de aquecimento.

3) Em lugar do cérebro do homem, coloca-se um aparelho que, recebendo a pressão fornecida pelo termômetro de gás, possa medi-la, compará-la com uma pressão preestabelecida e. após isto, transmitir uma ordem para a válvula citada.

Como se vê, tem-se sempre a *malha fechada* que se repete continuamente; o instrumento recebe a informação da medida, compara-a com um valor desejado e, conforme a diferença (erro), age sobre a válvula que provoca uma correção. Essa correção vai modificar a medida, que é novamente comparada, e assim por diante, até que esteja tão próxima quanto possível do valor desejado.

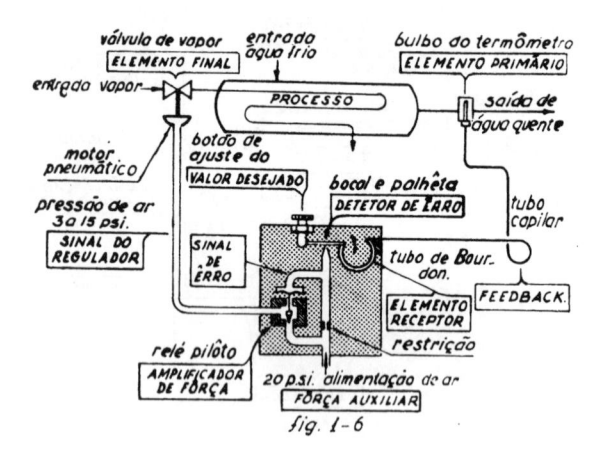

fig. 1-6

SECÇÃO (5)

OS ELEMENTOS DA REGULAÇÃO AUTOMÁTICA

A Fig. 1-7 mostra simbolicamente um sistema onde se emprega a regulação automática.

Uma regulação automática pode ser dividida em três partes fundamentais:

1) Tomada de impulso
2) Regulador
3) Válvula automática

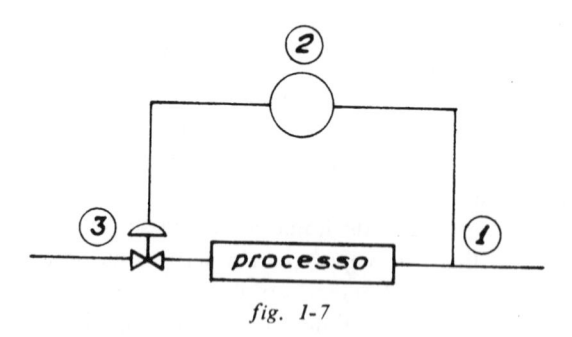

fig. 1-7

Além desses dispositivos principais, têm-se os dispositivos auxiliares que são: transmissores, alarmes acústicos e/ou visuais, sistemas de bloqueio, servodispositivos, etc.

Antes de iniciar o estudo, é interessante conhecer algumas abreviaturas usadas em regulação.

Como mostra a Tab. 1-1, pode-se obter combinações possíveis de acordo com o funcionamento dos dispositivos automáticos.

TABELA 1-1 *

LETRA	1ª LETRA variável medida do processo.	2ª LETRA função do aparelho.	3ª LETRA função adicional do aparelho.
A	—	Alarme.	Alarme.
C	Condutibilidade.	Controlador.	Controlador.
D	Densidade.	—	—
E	—	Elemento (primário).	—
F	Vazão (Flow).	—	—
G	—	Visor (Glass).	—
I	—.	Indicador.	—
L	Nível (Level).	—	—
M	Umidade (Moisture).	—	—
P	Pressão.	—	—
R	—	Registrador.	—
S	Velocidade (Speed).	Segurança.	Segurança.
T	Temperatura.	—	—
V	Viscosidade.	—	Válvula.
W	Pêso (Weight).	Bainha (Well).	—

(Exemplos)

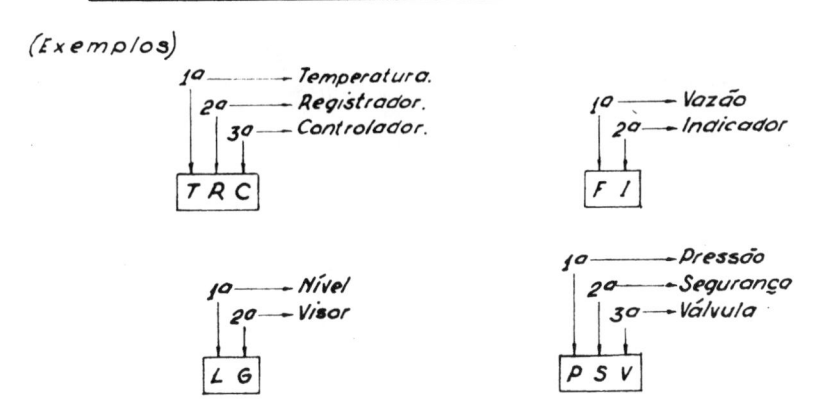

* Tabela tirada da I.S.A. (Sociedade de Instrumentação da América).

CAPÍTULO II

TOMADÁS DE IMPULSO

SECÇÃO (1)

GENERALIDADES

A tomada de impulso é o primeiro passo da regulação. Essa função é feita por elemento sensível, elemento primário ou elemento de medição, o que corresponderia ao tato do corpo humano.

São esses, portanto, os dispositivos de regulação que estão em contato direto com a tubulação, reservatório, ou equipamento onde existe o fluido do qual se pretende regular a pressão, a temperatura, a vazão ou o nível, etc.

Dependendo, pois, da variável que se pretende regular, adota-se o tipo adequado de tomada de impulso.

Antes de iniciar o estudo da medição, é interessante saber as várias maneiras de transformar o impulso em um sinal mais fácil ou conveniente de transmitir ou manejar.

Isso quer dizer que não basta medir, pois é preciso também obter desta medida uma força ou um movimento que sejam proporcionais à mesma e capazes de acionar um mecanismo conveniente.

Os elementos utilizados para essa finalidade são chamados *transdutores*.

Eis alguns exemplos de transdutores:

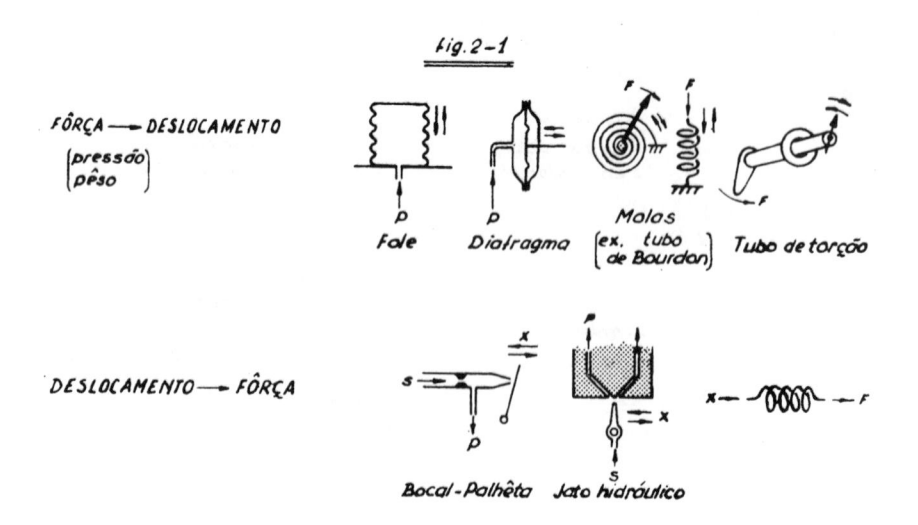

fig. 2-1

fig. 2-1 (continuação)

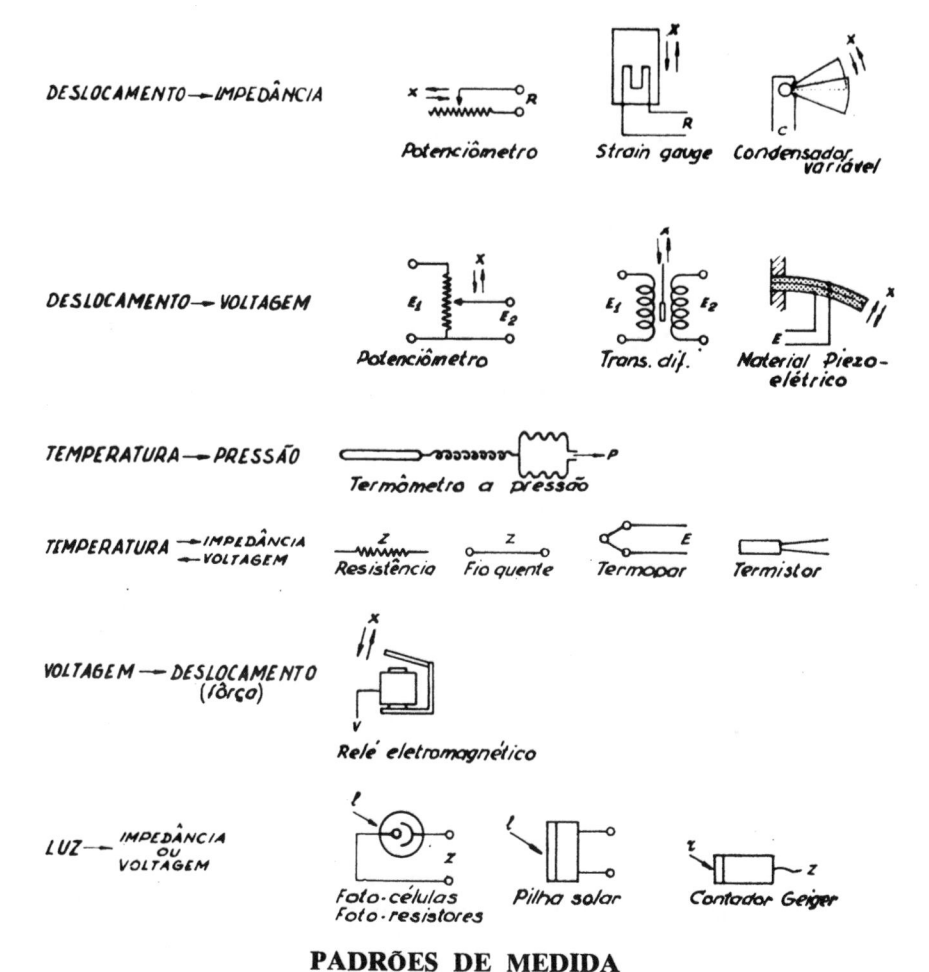

PADRÕES DE MEDIDA

Para aferir a medição, obtida com os vários meios descritos acima, é necessário dispor de padrões de medida.

(a) Padrão de temperatura

São conhecidos como padrões de temperatura o ponto de fusão e o ponto de ebulição de vários materiais, tais como platina, níquel, zinco, enxofre, naftaleno, etc.

Como padrão mais comum nas indústrias têm-se os termômetros de vidro com mercúrio que satisfaçam certas normas. Note-se, porém, que nesse caso o comprimento de imersão da haste do termômetro influi na leitura.

Termômetros a gás de azoto e termômetros de resistência de platina também são utilizados como padrões nos laboratórios.

b) **Padrão de pressão**

Existem dois meios mais conhecidos.

Um é a coluna de líquido e outro é a balança de peso estático como mostra a Fig. 2-2.

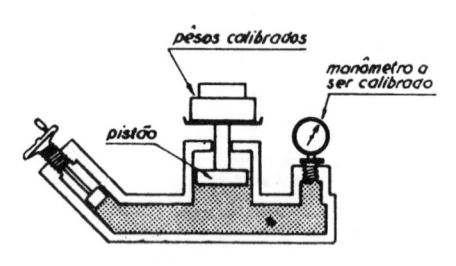

fig. 2-2

c) **Padrão de medição elétrica**

Para o bom andamento da aferição é necessário um equipamento com os seguintes aparelhos:

1) Resistência padrão
2) Fonte de mV de precisão
3) Galvanômetro de precisão
4) Ponte de Wheatstone de precisão.

d) **Padrão de vazão**

Medidores de vazão compensada do tipo massa e medidores volumétricos do tipo deslocamento positivo são utilizáveis na aferição de outros medidores.

SECÇÃO (2)

MEDIÇÃO DE PRESSÃO

(A) GENERALIDADES E CLASSIFICAÇÃO

Medição de pressão é o mais importante padrão de medição, pois as medidas de pressão diferencial, vazão, nível, etc. podem ser feitas utilizando-o.

Pressão é a relação entre uma força e a superfície sobre a qual ela atua.

Por exemplo: pressão atmosférica é a pressão devida ao peso do ar existente sobre uma área unitária ao nível do mar. Ela varia, portanto, conforme o local, pois o peso do ar atmosférico depende da altitude e das condições meteorológicas do local.

Normalmente a pressão é medida em relação à pressão atmosférica existente no local e neste caso é chamada de *pressão efetiva, pressão relativa* ou *pressão manométrica* e pode ser positiva ou negativa.

A pressão menor que a pressão atmosférica é chamada *vácuo*. A pressão absoluta é a pressão positiva a partir do vácuo perfeito, ou seja, a soma da pressão atmosférica do local e a pressão efetiva.

Correspondendo respectivamente ao tipo de pressão a que se destina a medição, existem três categorias de medidores de pressão:

(I)   Medidores de pressão absoluta:
      Para pressões baixas, isto é, em geral abaixo de 3 atmosferas.

(II) Medidores de pressão efetiva:
      Chamados manômetros e vacuômetros.

(III) Medidores de pressão diferencial.

TABELA 2-1

kg/cm²	p.s.i.	Coluna de água a 15°C em metros.	Coluna de mercúrio a 0°C * em mm.	Atmosfera.
1	14,22	10,01	735,5	0,9678
0,07031	1	0,7037	51,71	0,06804
0,09991	1,421	1	73,49	0,0967
1,3596	19,34	13,61	100	1,316
1,0332	14,696	10,34	760	1

* Para o mercúrio ce 15°C, multiplicar por 1,0027

Existem várias unidades de pressão. As quatro mais importantes são: atmosfera (ata ou ate: ata é atmosfera absoluta e ate é atmosfera efetiva); kg/cm²; p.s.i. (pounds per square inch ou libras por polegada quadrada) e as unidades em altura de coluna líquida. A Tab. 2-1 mostra os fatores de conversão entre estas unidades.

CLASSIFICAÇÃO DOS ELEMENTOS DE PRESSÃO

Os dispositivos usados nas tomadas de impulso de pressão podem ser classificados de acordo com seus princípios de funcionamento:

(I) Por equilíbrio de uma pressão desconhecida contra uma força conhecida
     (a) Colunas de líquido (Tubo em U, etc.)
     (b) Campânula
     (c) d/p cell

(II) Por meio de deformação de um material elástico

    (a)   Tubo de Bourdon (em forma de C, espiral ou helicoidal)

    (b)   Membrana

    (c)   Fole

(III)   Por meio de variação de uma propriedade física

    (a)   *Strain gage*

    (b)   Outros

Começando, agora, o estudo dos elementos de medida de pressão, têm-se inicialmente:

(B) TUBO DE BOURDON

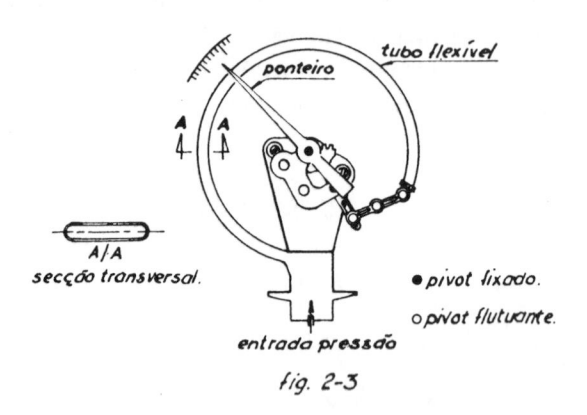

fig. 2-3

Como mostra a Fig. 2-3, o tubo de Bourdon consta de um tubo metálico de secção transversal elíptica, ou quase elíptica, tendo uma de suas extremidades em contato com a fonte de pressão e a outra extremidade fechada e

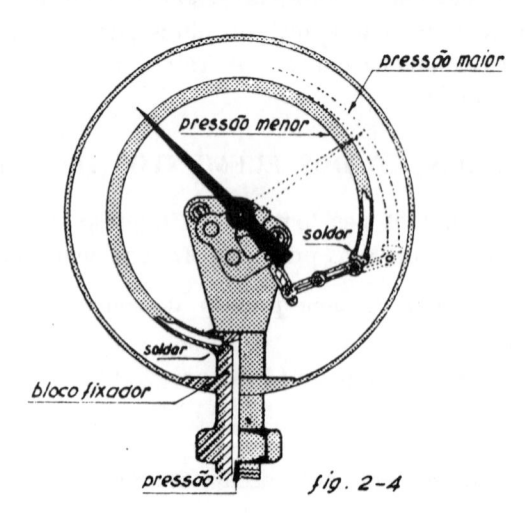

fig. 2-4

ligada a uma haste que comunica seu movimento a uma alavanca dentada e essa por sua vez, move-se em torno de um ponto fixo.

Pela aplicação de pressão na parte interna, o tubo de Bourdon tende a tomar a forma de um tubo de secção circular, e então há uma distensão no sentido longitudinal, como mostra a Fig. 2-4, sendo que o ponteiro se move, por intermediário da alavanca dentada, indicando no mostrador o valor da pressão.

O tubo de Bourdon é o mais empregado de todos e consiste, como se vê, na transformação de pressão medida num movimento indicador.

Os tubos de Bourdon industriais podem ter diversos tamanhos, conforme sejam constituídos de uma simples forma da letra C, uma espiral ou ainda de uma helicóide, dependendo da pressão a ser medida. O tipo C é para uso geral até 1 000 kg/cm². O espiral é para pressão entre 1 e 15 kg/cm² e o helicoidal é para pressão maior que 15 kg/cm² de maneira geral.

As vantagens do tipo espiral e do tipo helicoidal são: obter movimento de maior amplitude, mais força, resposta mais rápida, isenção da faixa morta e, portanto, maior precisão.

Para a regulação, propriamente dita, aproveita-se a força desenvolvida pelo movimento do tubo de Bourdon para acionar um dispositivo de transmissão pneumática, sendo que as diversas formas dos tubos de Bourdon influem apenas na sensibilidade do instrumento.

Um fator bastante importante nesses aparelhos é a elasticidade do material de que é feito o tubo. Geralmente empregam-se ligas de cobre e níquel por terem baixos coeficientes de dilatação pelo calor. O aço inoxidável também é utilizado, mas uma variação de temperatura de 50ºC pode causar 2% de erro.

Devido à elasticidade do material não ser ilimitada, esses aparelhos devem ser usados sempre dentro dos limites de pressão para os quais foram construídos, mas também não se deve utilizá-los dentro de faixas muito menores do que as de suas limitações, pois isto acarretaria perda de sensibilidade do tubo.

Um tubo de Bourdon, por exemplo, construído para ser usado numa faixa de 0 a 20 atmosferas, deve ser usado sempre dentro dessa limitação — jamais além dela, nem, ainda, numa faixa muito menor, como, por exemplo, de 0 a 2 atmosferas.

Tenha-se em mente sempre que ultrapassar o limite máximo superior significa arriscar-se a estragar o tubo de Bourdon, e permanecer muito aquém desse mesmo limite significa perder em sensibilidade.

Citamos as regras gerais práticas. Para medir uma pressão não pulsante deve-se escolher uma faixa adequada para que o tubo trabalhe a dois terços do limite superior. Entretanto, para uma pressão muito oscilante, a pressão de serviço deve permanecer à metade do limite superior.

Para proteger os tubos de pulsações excessivas, existem vários tipos de "amortecedores". São restrições em várias formas, tais como válvula de agulha, pino pulsante, capilar, restrição + capacidade, etc.

CALIBRAÇÃO DOS MANÔMETROS

Existem três fatores importantes na calibração dos manômetros, como em todos os mecanismos de transmissão de movimentos:

(a) Zero
(b) Multiplicação ou faixa
(c) Angularidade

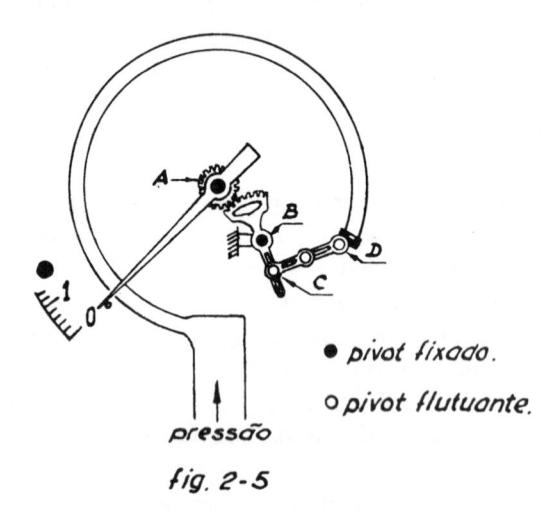

fig. 2-5

Explicar-se-ão os detalhes dessas palavras posteriormente no capítulo dos "Dispositivos de indicação e registração".

Referindo-se à Fig. 2-5, o ajuste zero de um manômetro é feito colocando-se o ponteiro no valor mínimo da escala com o tubo de Bourdon em estado de repouso, isto é, pressão interna do tubo igual à pressão atmosférica.

A multiplicação ou faixa é ajustada variando-se o comprimento *BC* da haste da alavanca dentada. Quanto maior for o *BC*, tanto menor será a faixa.

A angularidade do manômetro é ajustada variando-se o comprimento *CD*.

O cabelo do manômetro não influi na calibração, mas tem a função de eliminar a faixa morta devida à folga que há entre os dentes das engrenagens e dos pinos.

A precisão dos manômetros comuns é da ordem de $\pm$ 1% da escala total, mas os manômetros de padrão devem ter precisão maior, da ordem de $\pm$ 1/4%.

(C) TUBOS EM U

O manômetro em U indica sempre e unicamente uma pressão diferencial, isto é, a diferença de pressão entre dois pontos, no caso da Fig. 2-6, entre os pontos A e B.

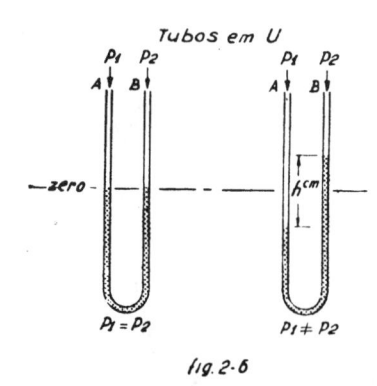

fig. 2-6

A fórmula simplificada da pressão diferencial da coluna líquida é

$$\triangle P = h \times d$$

onde,

$\triangle P$ = pressão diferencial em (g/cm²)
h = diferença em altura (cm)
d = peso específico do líquido manométrico em (g/cm³)

Na Tab. 2-2 citamos dados sobre alguns líquidos manométricos.

Para eliminar o efeito capilar, é conveniente que o diâmetro interno do tubo seja maior que 5 mm.

TABELA 2-2

Líquido	Símbolo	Pêso específico	Ponto de ebulição	Observações	Sol. na água.
Água.	H_2O.	1,0	100°C	Avermelhar com Metil orange	—
Mercúrio.	Hg.	13,59	357°C	—	não
Tetra clorêto de carbono.	CCl_4.	1,594	76°C	Arroxear com iôdo	não
Álcool etílico.	C_2H_5OH	0,794	78°C	—	sim
Tetrabromêto de acetileno.	$(CHBr_2)_2$	2,95	240°C	—	não

O manômetro em U não só é empregado para indicar pressões como também é de grande valia em outros dispositivos, que aproveitam o movimento da coluna líquida dentro do tubo para acionar outros dispositivos e aparelhos.

A Fig. 2-7 ilustra algumas variações dos manômetros em U:

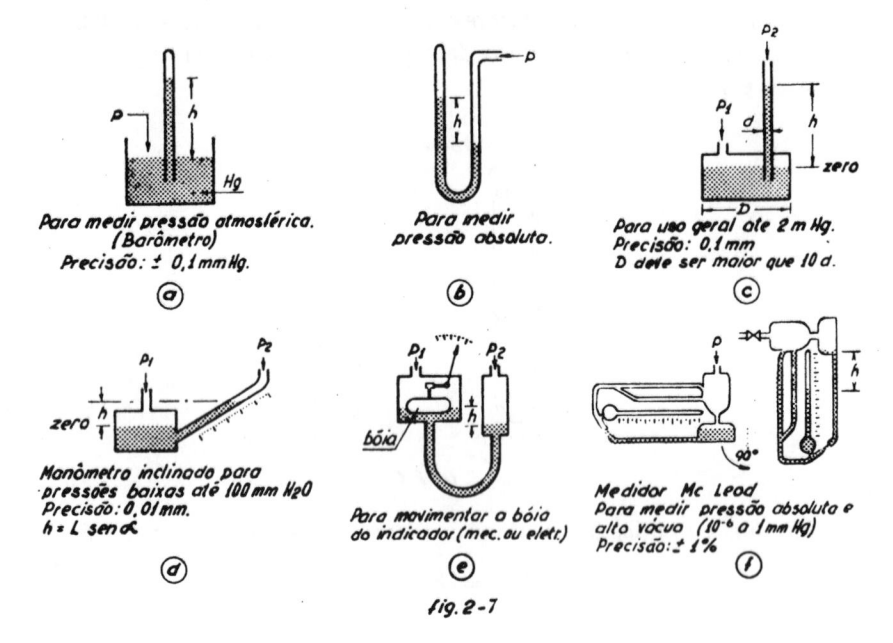

fig. 2-7

(D)   **FOLES**

Também chamados sanfonas ou, em inglês, *bellows*.

O fole é um elemento bastante utilizado, mas quase nunca independentemente e sim em conjunto com uma mola.

É feito de material delgado, resistente e flexível.

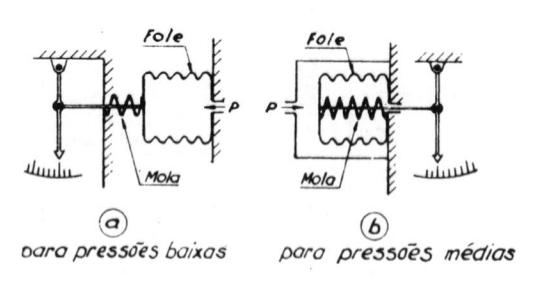

fig. 2-8

Referindo-se à Fig. 2-8, a mola força o fole a voltar à posição primitiva, uma vez cessada a força devida à pressão.

A sanfona tem uma de suas extremidades fixas e a variação de pressão, no seu interior, faz com que ela se distenda ou se contraia, atuando sobre um ponteiro que indica, numa escala graduada em unidade de pressão, o movimento da extremidade livre do fole.

O arranjo indicado nas figuras é, porém, pouco utilizado, sendo o fole empregado geralmente dentro dos transmissores e receptores, como componentes pneumáticos de equilíbrio de forças ou de movimento.

Contudo, quando usados para medir pressões, fazem-no apenas em valores de pressões baixas (faixa mínima de 0 a 125 mm H_2O e faixa máxima até 3 kg/cm²). Um exemplo de aplicação para a medida de pressão absoluta é ilustrado na Fig. 2-9.

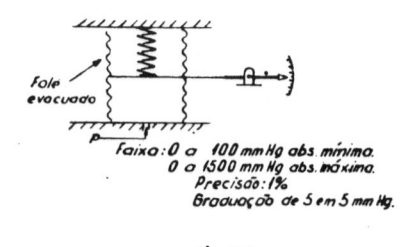

Faixa: 0 a 100 mm Hg abs. mínima.
0 a 1500 mm Hg abs. máxima.
Precisão: 1%
Graduação de 5 em 5 mm Hg.

fig. 2·9

(E) MEMBRANA

Também chamada diafragma. É um elemento utilizado para medir pressões muito baixas. Utiliza-se uma membrana fina de material elástico, metálico ou não metálico, como, por exemplo, borracha, Neoprene, Teflon, ou couro, sempre oposta a uma mola, como mostra a Fig. 2-10 (a).

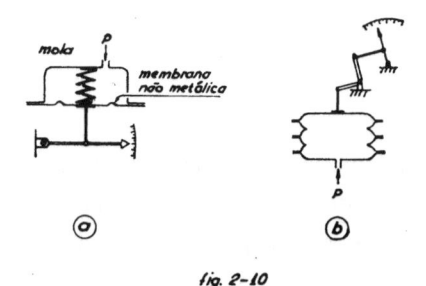

fig. 2-10

Para obter uma grande sensibilidade utilizando material metálico, emendam-se vários diafragmas, como se representa na Fig. 2-10 (b).

Tal construção difere da do fole pois este não tem emendas e o diafragma sim.

(F) CAMPÂNULA

Esse dispositivo consiste de um vaso invertido flutuando em um líquido que isola a pressão interna do mesmo da câmara externa, como ilustrado na Fig. 2-11.

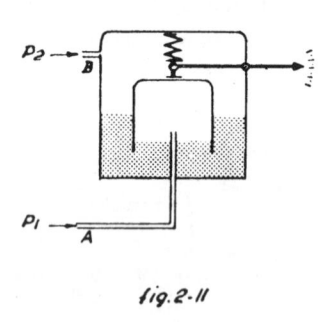

fig. 2-11

A pressão exercida pelo gás dentro do vaso faz com que a campânula force a mola que a retém na posição normal e esse movimento pode ser utilizado para acionar um ponteiro ou qualquer dispositivo.

A campânula mede apenas a pressão diferencial entre a região A e a região B.

É um dos dispositivos mais sensíveis uas medidas de pressão, sendo utilizado quando a faixa de pressão a medir é muito pequena, digamos da ordem de 0 a 25 mm de coluna d'água. (Até 300 mm H_2O com uma precisão de $\pm$ 1%.)

(G) d/p CELL

Explicar-se-á a respeito desse instrumento no capítulo dos "Transmissores".

Sua aplicação para medidas de pressão é ilimitada.

Tem a vantagem, também, de que é fácil mudar sua faixa de calibração.

(H) "STRAIN GAGE" E OUTROS MEIOS ELÉTRICOS

Suponha-se um cubo de um material qualquer. Embutindo quatro peças cilíndricas nesse cubo e aplicando uma força, cada cilindro sofrerá uma deformação, como se mostra na Fig. 2-12.

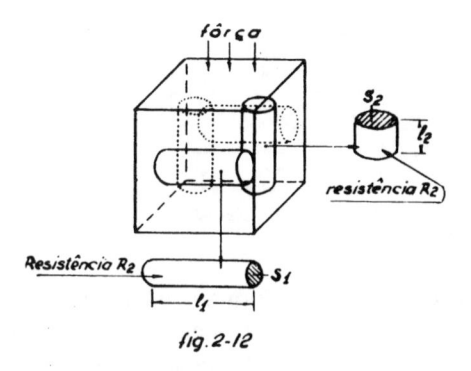

fig. 2-12

Por outro lado sabe-se que a resistência de um condutor elétrico é diretamente proporcional à área da secção do mesmo, como indica a fórmula.

$$R = \rho. \ \frac{L}{S}$$

onde

R: resistência
ρ: resistividade
L: comprimento
S: área seccional

Nesse exemplo a peça cilíndrica é o condutor. Na prática, o fio condutor é rigidamente cimentado ao isolante, ou seja, neste caso, ao cubo.

Logo se vê que a resistência do fio R_1 aumenta e a do fio R_2 diminui. Dessa maneira pode-se medir força, peso ou pressão em função da resistência.

Geralmente empregam-se ligas de cobre e níquel como material da resistência, a qual é colocada como mostra a Fig. 2-13.

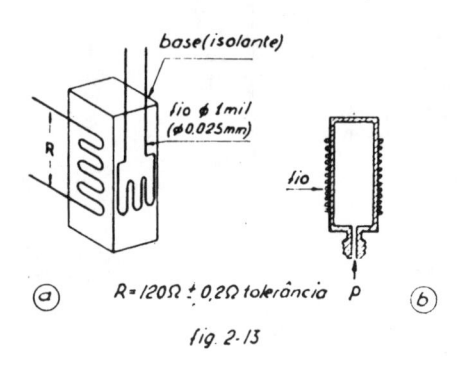

fig. 2-13

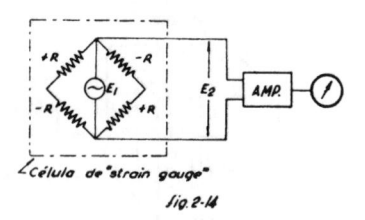

fig. 2-14

Quatro resistências desse tipo formam uma ponte, como a ilustrada na Fig. 2-14, a qual é excitada por uma alimentação constante E_1.

A saída é amplificada e indicada em um instrumento eletrônico convenientemente calibrado em escala de pressão, que pode ser montado bem longe da célula.

Explicar-se-á com mais detalhes a esse respeito no capítulo dos "Dispositivos de indicação e registração".

A célula de *strain gage* é de precisão bastante alta (da ordem de 0,25%) e oferece resposta rápida. A faixa, quando utilizada para medir pressão, é normalmente de 3000 kg/cm² máximo e é adequada para altas temperaturas.

Existem vários outros meios elétricos de medida de pressão, como por exemplo, os do tipo piezelétrico ou do tipo magnetostrição, mas geralmente os aparelhos acoplados são muito complexos e de elevado custo. Sua utilização é limitada, portanto, a casos especiais.

(I) SELAGEM

Existem vários tipos de tomadas de pressão.

Normalmente, os elementos sensíveis de medição conectam-se diretamente com o fluido a ser medido por meio de uma válvula de isolação.

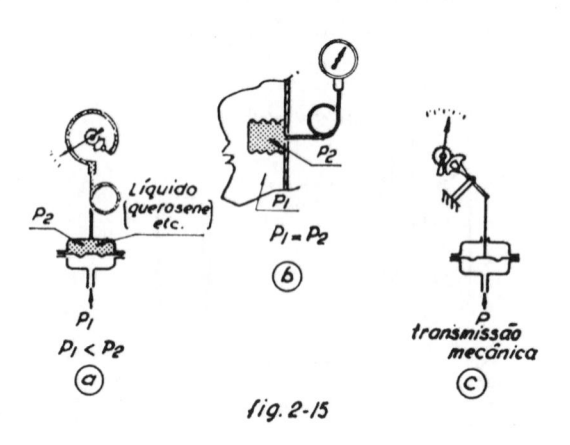

fig. 2-15

TABELA 2-3
TABELA SINÓPTICA DOS ELEMENTOS DE PRESSÃO.

TIPO	APLICAÇÃO	FAIXA	PRECISÃO (%)	FAIXA MÍNIMA RECOMENDÁVEL	DISPONIB. DE AÇO INOX	OBSERVAÇÕES.
Fole simples	Pressão absoluta Vácuo	0 à 20 mm Hg	± 1	6 mm Hg	Não	Até 6mm Hg de bronze. Para 100mm Hg pode ser de aço inox.
Fole simples ou duplo	Pressão efetiva	20mm Hg a 1 ate	± 0,5	20 mm Hg	Sim	
Membrana não metálica.	Pressão efetiva.	< 1 m H2O	± 2	15 mm H2O		
Campânula	Pressão diferencial	< 3 ate	± 0,5	25 mm H2O	Sim	
d/p cell	Pressão diferencial	< 2 ate *	± 0,5	125 mm H2O	Sim	* Existem tipos especiais que medem até 150 ate.
Tubo de Bourdon; tipo C ou espiral	Pressões efetivas médias	0 a 2 ate min. 0 a 200 ate max.	± 0,5	15 ate	Sim **	** Porém ligas de cobre são ma. precisas.
Tubo de Bourdon Helicoidal p/alta pressão	Altas pressões	200 a 6000 ate	± 0,5	150 ate	idem	idem.
Strain gauge	Pressão efetiva Altas pressões	< 4000 ate	± 0,5	10 ate	Sim	

Quando o fluido é corrosivo, viscoso ou tende a engrossar com o abaixamento da temperatura, utilizam-se sistemas de selo para proteger os elementos contra danos possíveis ou mau funcionamento.

Explicam-se vários sistemas de selagem, em seguida:

(a) Por membranas

Na Fig. 2-15, os sistemas de selagem volumétrica (isto é, transmissão hidráulica) podem trazer erro devido à diferença dos níveis entre a membrana e o elemento sensível.

A faixa mínima recomendada para os medidores desse tipo é de 3 kg/cm², com comprimento do capilar de 15 m no máximo.

(b) Por potes de selagem

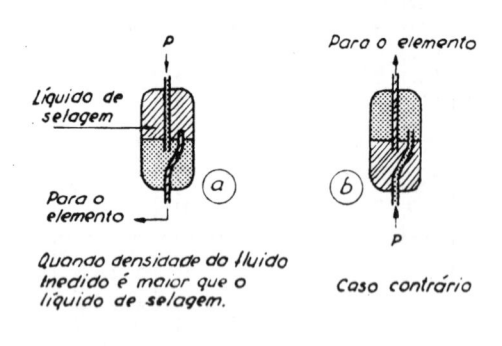

Jig 2-16

SECÇÃO (3)

MEDIÇÃO DE TEMPERATURA

(A) GENERALIDADES E CLASSIFICAÇÃO

Temperatura de um corpo é a sua capacidade que caracteriza a transferência de calor entre ele e outros corpos; ou pode-se dizer que temperatura é a medida do efeito causado pela aplicação de calor sobre um corpo.

A medição de temperatura é muito difícil por ser facilmente influenciada por fatores externos aos dispositivos de medida ou pela inércia térmica inerente ao sistema em si.

As medidas de outras variáveis, tais como pressão, vazão e nível, podem ser feitas instantaneamente, mas na medida de temperatura sempre há atraso na resposta. Isso quer dizer que é sempre necessário tomar em consideração o fator tempo.

Existem duas unidades comumente usadas, a saber: o grau centígrado (°C) e o grau Fahrenheit (°F).

A escala centígrada (ou Celsius) baseia-se nas duas propriedades bem conhecidas da água, isto é, sua temperatura de congelamento e sua temperatura de ebulição. Daí definirmos 0°C como o ponto de congelamento e 100°C como o ponto de ebulição da água sob uma atmosfera de pressão. Dividindo dois pontos em 100 partes iguais, obtemos a escala em graus centígrados.

Na escala em graus Fahrenheit a temperatura de congelamento da água corresponde a 32 e a de ebulição a 212°F.

Cem partes iguais da escala centígrada correspondem, portanto, a 180 partes iguais da escala Fahrenheit.

Os medidores de temperatura podem ser divididos em dois grandes grupos: um é o sistema físico, que se baseia na dilatação do material, e outro é o sistema elétrico:

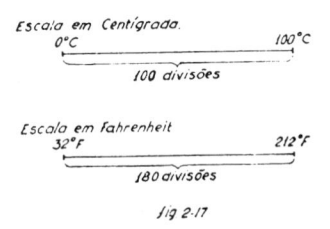

fig 2-17

(a) Sistema físico

O calor faz com que os corpos se dilatem e se contraiam. Aproveitando o efeito dessa dilatação ou contração, que nada mais é do que uma força ou movimento, podemos medir a temperatura. Seja a dilatação do comprimento de uma barra metálica, seja o aumento de volume de um líquido dentro de um recipiente, têm-se os vários tipos de tomadas de impulso de temperatura, como estudaremos posteriormente.

Os termômetros que funcionam baseando-se nesse sistema são classificados como abaixo:

(I) sistema a volume   Termômetros de líquidos

(II) sistema a pressão   { Termômetros a pressão de gás
                                        { Termômetros a tensão de vapor

(III)   sistema a dilatação linear   Termômetros bimetálicos

(b) Sistema elétrico

Dependendo dos seus princípios de funcionamento, os termômetros desse sistema podem se classificar em:

(I)   Termopares

(II)   Termômetros de resistência

(III) Termístores

(IV) Termômetros de radiação

(V)   Termômetros ópticos

(B) TERMÔMETROS DE LÍQUIDO

Os termômetros de líquido baseiam-se na lei da expansão cúbica:

$$V_t = V_o (1 + B t)$$

onde,

t = temperatura do líquido (°C)

V_o = volume do líquido à temperatura de referência

V_t = volume do líquido à temperatura em °C

B = coeficiente de expansão (ver a Tab. 2-4)

TABELA 2-4

LÍQUIDO	$B \times 10^3$	CALOR ESPECÍFICO
Água	0.25	1.0
Mercúrio	0.18	0.03
Tetraclorêto de carbono	1.1	0.2
Tolueno	1.1	0.4
Álcool etílico	1.1	0.5

Nessa equação pode-se observar que o aumento do volume é diretamente proporcional ao aumento da temperatura, isto é, a escala da temperatura é linear.

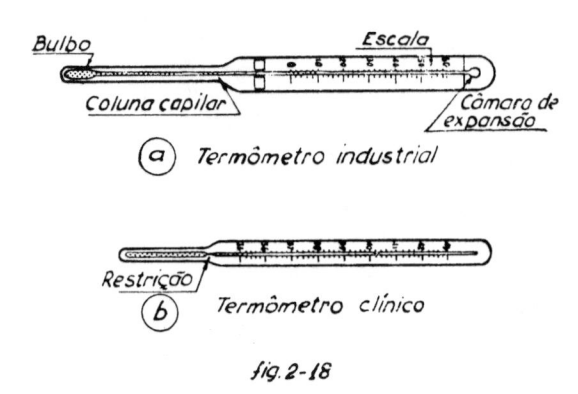

fig. 2-18

Como o exemplo mais familiar de termômetro de líquido tem-se o termômetro de vidro.

Esse tem um pequeno reservatório, ou bulbo, cheio de um líquido, do qual se deriva uma coluna capilar, como ilustrado na Fig. 2-18.

O calor faz com que o líquido se dilate e penetre nesse capilar, cuja altura é convenientemente calibrada em escala de temperatura.

Normalmente emprega-se mercúrio ou álcool colorido, como líquido termométrico.

Como o mercúrio congela-se a -38ºC, a faixa desse tipo de termômetro é de -38ºC até 350ºC normalmente, mas pode-se elevar esse limite a 700ºC mediante emprego de vidro adequado e injeção de gás especial no capilar, para que o mercúrio não evapore.

Os termômetros de álcool podem ser utilizados na faixa entre -100ºC e 70ºC, pelas mesmas razões acima expostas.

Entrando, agora, no estudo dos termômetros de líquido com capilares metálicos, mostraremos, primeiro, na Fig. 2-19, a construção geral de todos os termômetros com enchimento de fluido.

Como líquidos de enchimento empregam-se mercúrio, xileno, tolueno, éter etílico, etc., por serem de altos coeficientes de expansão.

O mercúrio é um dos mais usados, por ter alta temperatura de ebulição, faixa ampla de temperatura e baixo coeficiente de atrito, apesar de ter suas desvantagens, como dificuldade no manejo.

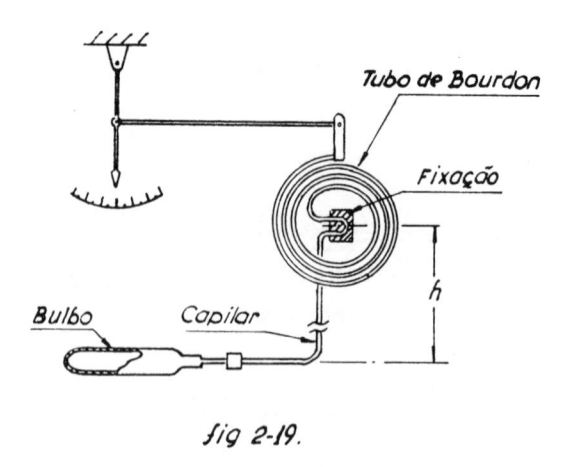

fig 2-19.

Além da linearidade os termômetros de líquido têm as seguintes vantagens: bulbos pequenos, faixa estreita e alta precisão.

Uma das desvantagens desse tipo é que pode apresentar erro quando houver uma diferença de nível entre o elemento e o bulbo devido à coluna líquida (h) representada na Fig. 2-19. Para diminuir esse erro o enchimento do líquido é feito geralmente sob alta pressão, por exemplo 30 ou 40 atmosferas.

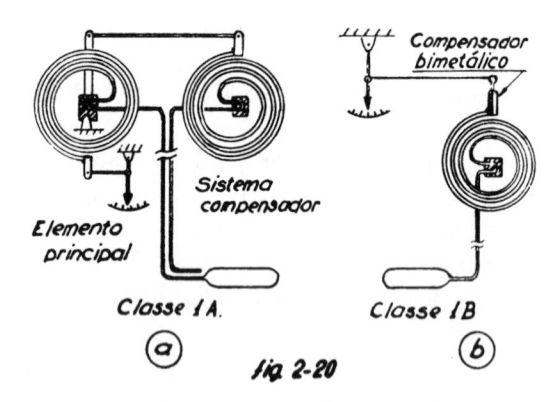

$fig.$ 2-20

Entretanto, quando for necessário mudar a elevação do bulbo será preciso corrigir o deslocamento do zero por ajuste da fixação do elemento e não por ajuste no ponteiro indicador.

Outras desvantagens desse tipo incluem: o efeito da temperatura ambiente ao longo do capilar e do elemento, e resposta não muito rápida quando o comprimento do capilar é grande, devido ao atrito do fluido no capilar.

O efeito da temperatura ambiente é compensado de duas maneiras e cada uma tem sua denominação própria, isto é, classe $1A$ e classe $1B$.

O sistema da Fig. 2-20 (b) é normalmente preferido por ser mais simples na sua construção e ter resposta mais rápida. O comprimento máximo do capilar desse tipo é $\pm$ 6 m.

Quando a distância entre o bulbo e o instrumento é muito grande, ou se deseja alta pressão, adota-se o sistema da Fig. 2-20 (a). Não é recomendado, porém, para regulação, por causa da sua lenta resposta. Deve-se utilizá-lo somente para indicação ou registração.

De qualquer maneira o termômetro de líquido é o mais preciso de todos os sistemas mecânicos de medição de temperatura. Ele é adequado para medir temperatura ambiente por causa da sua faixa de medição muito estreita (ou seja: 15°C com mercúrio e 25°C com líquidos orgânicos diversos).

Quando se usam esses termômetros, devem ser tomadas precauções para não dobrar o capilar com curvatura muito pequena. Tal curvatura formará uma restrição no capilar e o movimento do líquido de um lado da restrição para o outro ficará impedido, causando falha no funcionamento dos termômetros.

(C) TERMÔMETROS A PRESSÃO DE GÁS

O princípio de funcionamento dos termômetros desse tipo é a conhecida lei de Boyle-Charles, isto é: "a pressão de um gás é proporcional à temperatura, se mantivermos constante o volume do gás". Devido a essa proporcionalidade pode-se obter uma escala linear de temperatura. Na realidade constata-se pequeno erro nessa relação porque os gases não são ideais. Esse erro é tão pequeno, porém, que se pode desprezá-lo.

Comercialmente o nitrogênio é o gás mais empregado, por ser inerte. Além do nitrogênio empregam-se hélio, neônio, criptônio, ar, dióxido de carbono, etc.

Sua construção é praticamente idêntica à dos termômetros de líquido ilustrada na Fig. 2-19, mas o bulbo é geralmente grande, a fim de obter força suficiente para acionar o elemento, ou seja, o tubo de Bourdon espiral ou helicoidal. A força obtida por expansão do gás com determinada variação de temperatura é muito pequena em comparação com a força do líquido para a mesma variação. Assim sendo, esse tipo de termômetro tem uma faixa mínima de 100°C.

Essa faixa pode ser diminuída quando empregado um transmissor com equilíbrio de forças, porque nesse caso não é necessário grande movimento do elemento.

A compensação da temperatura ambiente é feita da mesma maneira que no caso dos termômetros de líquido. Outra maneira é aumentar o volume do bulbo para diminuir o volume relativo do capilar.

A resposta dos termômetros desse tipo é mais rápida que a de todos os outros sistemas mecânicos.

O comprimento máximo do capilar é de até 30 m.

(D) TERMÔMETROS A TENSÃO DE VAPOR

Os termômetros a tensão de vapor consistem essencialmente de um bulbo contendo um gás liquefeito e um capilar que liga o bulbo ao elemento, seja este um tubo de Bourdon, seja um fole, etc.

A lei de Dalton diz que "a pressão de um vapor saturado depende única e exclusivamente da sua temperatura e não da sua mudança de volume". Por isso, para qualquer variação de temperatura haverá uma variação na tensão do vapor do gás liquefeito colocado no bulbo do termômetro e, em conseqüência disto, uma variação na pressão dentro do capilar. A única condição necessária é a existência da interface entre a fase líquida e a fase gasosa dentro do bulbo, quando em funcionamento. Assim sendo, nesse sistema é importante dosar o volume certo do gás liquefeito.

Como o aumento da tensão do vapor para determinada variação de temperatura não é igual ao longo de toda a faixa, a escala da temperatura não é linear, comportamento esse ilustrado na Fig. 2-21 (*a*) e (*b*). Isto constitui a maior desvantagem dos termômetros desse tipo, apesar das suas vantagens, como baixo custo e resposta rápida em casos gerais.

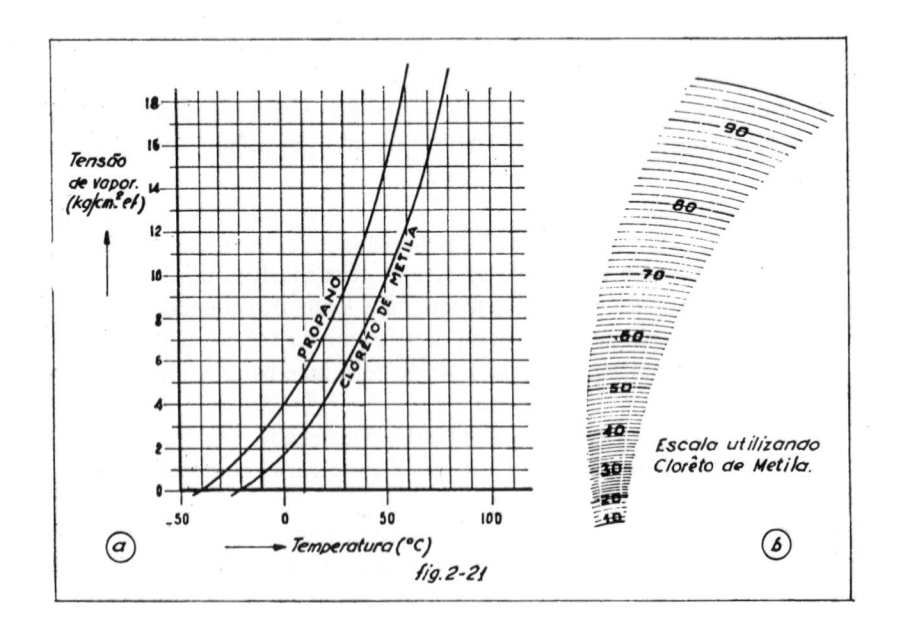

fig. 2-21

Como fluidos de enchimento empregam-se cloreto de metila, dióxido de enxofre, etano, propano, éter metílico, tolueno, etc. O comprimento máximo do capilar do termômetro desse tipo é da ordem de 50 m.

Existem três classes diferentes de termômetros a tensão de vapor, como ilustrado nas Figs. 2-22 (a), (b) e (c).

O sistema da Fig. 2-22 (a) é o tipo mais comum, onde o bulbo é feito para trabalhar sempre acima da temperatura ambiente.

O sistema da Fig. 2-22 (b) é para temperaturas abaixo da temperatura ambiente.

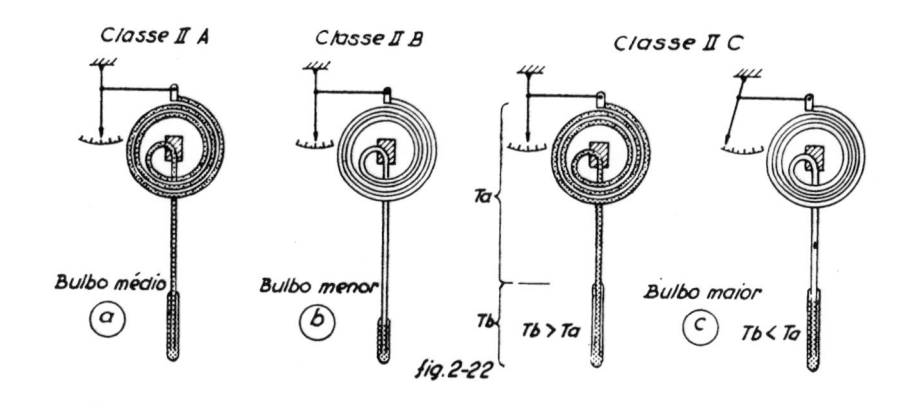

fig. 2-22

O sistema da Fig. 2-22 (c) é projetado para trabalhar acima ou abaixo — mas nunca em torno da temperatura ambiente. Se ocorrer uma variação brusca de temperatura, de tal extensão que a temperatura ambiente seja cruzada, haverá mudança de estado do fluido no capilar e no elemento. É óbvio que nessa ocasião haverá certa instabilidade no sistema, acarretando resposta muito lenta. Além disso, nessa classe o nível do bulbo e o do elemento devem ser iguais, para evitar o erro devido à coluna líquida no capilar.

(E) TERMÔMETROS BIMETÁLICOS

Esses termômetros são construídos de chapas metálicas formadas de duas camadas, cada uma constituída por material diferente, com coeficientes de dilatação bem diversos um do outro, ou seja, quando levados à mesma temperatura, a dilatação de um é bem diferente da do outro — por exemplo: latão e aço.

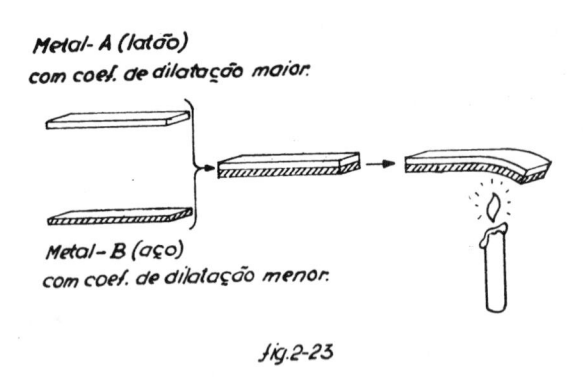

fig. 2-23

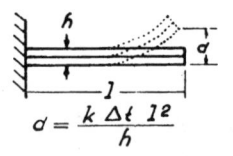

$$d = \frac{k\, \Delta t\; l^2}{h}$$

Metal A	Metal B	Coef. de deflexão (k na figura a cima)
Latão	Invar *	14 × 10⁻⁶
Ni-Cr-Fe	Invar	13.7 "
Mn-Ni-Cu	Invar	19.6 "

* Uma liga de níquel (36%) e ferro (64%), cujo coeficiente de dilatação é praticamente zero

TABELA 2 - 5

Então, juntando-se esses dois metais diferentes, em forma de chapinhas, por exemplo, e soldando-se ou rebitando essa junção, o metal que se dilatar mais forçará o metal que se dilatar menos a formar uma curvatura, para compensar a diferença dos novos comprimentos.

A Tab. 2-5 mostra vários metais utilizados.

O movimento da chapa bimetálica tem grande força e pode ser utilizado para acionar um dispositivo qualquer de regulação — como, por exemplo, fazer girar o ponteiro do termômetro mostrador ou acionar os contatos elétricos da resistência de aquecimento de fornos, estufas, ferros de engomar etc. Os termômetros bimetálicos encontram-se sob as mais variadas formas, como se representa na Fig. 2-24.

A sensibilidade dos termômetros bimetálicos é bastante boa, sendo comparável com a dos termômetros de vidro.

A calibração dos termômetros desse tipo é feita em um só ponto de temperatura, porque geralmente não têm ajuste de faixa e de angularidade.

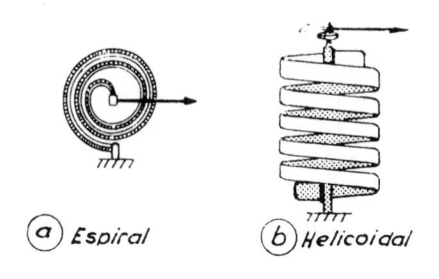

(a) Espiral   (b) Helicoidal

fig. 2-24.

(F) TERMOPARES

O termopar é, talvez, o mais usado de todos os tipos de termômetros para tomadas de impulso de temperatura, especialmente quando se trata de altas temperaturas (a faixa mais comum é de 200 a 1000°C) e quando se requer resposta rápida.

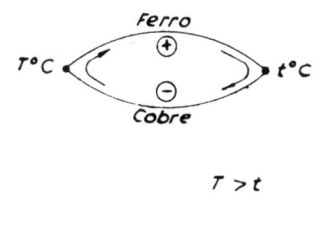

$T > t$

Fig. 2-25

Ele se baseia no princípio descoberto por Seebeck de que qualquer diferença de temperatura entre as junções de dois metais diferentes gera uma diferença de potencial, isto é, força eletromotriz, entre essas junções, como mostra a Fig. 2-25.

Esse efeito termoelétrico foi estudado depois por Peltier e Thomson. Descobriram que o potencial é determinado pelos três fatores seguintes:

(a) O potencial é proporcional à diferença de temperatura entre as junções.

(b) O potencial depende da combinação de metais diferentes.

(c) O potencial depende da homogeneidade do material.

Como se vê, uma grande vantagem do termopar é que o diâmetro e o comprimento do fio não influem no potencial gerado.

Utilizando-se desses princípios construiu-se o termopar, que é constituído de dois metais diferentes nas suas extremidades.

Estando uma dessas extremidades em contato com a fonte de calor e a outra no meio ambiente haverá uma diferença de temperatura entre as junções e, conseqüentemente, uma diferença de potencial, isto é, voltagem em mV.

Essa pequena tensão formada pela diferença de temperatura é indicada diretamente em um milivoltímetro convenientemente calibrado em escala de temperatura (este tipo é chamado *pirômetro*) ou ampliada eletronicamente e depois utilizada para acionar um mecanismo de registração.

Sendo a tensão gerada muito pequena, a faixa mínima que pode ser realizada por um indicador simples do tipo bobina móvel é da ordem de 150ºC. Esse tipo tem outras desvantagens, como ser muito frágil para vibração e sensível ao prumo.

Desejando-se uma menor faixa ou uma escala com o zero deslocado, deve-se utilizar um amplificador eletrônico com equilíbrio contínuo. Explicar-se-á a esse respeito no capítulo dos "Dispositivos de Indicação e Registração".

A Tab. 2-6 mostra vários tipos de termopares comumente empregados.

TABELA 2-6					
PAR		Código ISA	$tem/°C$	OBSERVAÇÕES	Método de indentificação
+	−				
Ferro	Constantan [1]	J	2º	Uso geral, porém fraco para oxidação	Ferro e mais duro e magnético
Cromel [2]	Alumel [3]	K	3º	Fraco para ambiente redutor	Alumel e ligeiramente magnético
Cobre	Constantan	T	Maior	Para $t < 25°C$, anti oxidante	Pelas cores
Platina	Plat + Rhódio	S	Menor	$630°C < t < 1400°C$ fraco p/ambiente redutor	

[1] Liga de cobre (60%) e níquel (40%)
[2] Liga de cromo (10%) e níquel (90%)
[3] Liga de níquel (94%), manganês (3%), alumínio (2%) e Silicone (1%)

A Fig. 2-26 mostra um exemplo de como é construído um par termoelétrico.

A sensibilidade ou tempo de resposta e também o limite superior da temperatura de utilização de um termopar dependem do diâmetro do fio, da massa da junção e da massa do tubo de proteção.

Uma das desvantagens dos termopares é que eles sofrem corrosão, especialmente quando expostos à temperatura próxima da temperatura-limite--superior.

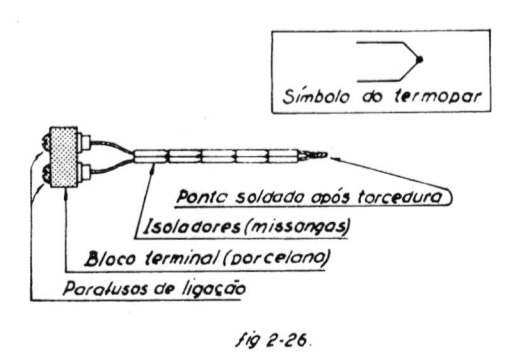

Símbolo do termopar

Ponto soldado após torçedura
Isoladores (missangas)
Bloco terminal (porcelana)
Parafusos de ligação

fig 2-26.

Para conectar o termopar ao instrumento emprega-se o fio de compensação, também chamado de extensão, que é constituído do mesmo material do termopar.

Quando se mede temperatura utilizando o termopar, deve-se prestar especial atenção aos seguintes pontos:

(I)   Montá-lo dentro do tubo de proteção bem estanque, para evitar a corrosão.

(II) Na medição de temperatura coloca-se o termopar onde existe a temperatura média. Note-se que o termopar mede a temperatura de um ponto só, isto é, da junção de medição e não a temperatura média, como no caso dos termômetros a pressão ou de resistência. Quando se deseja a temperatura média usam-se vários termopares em paralelo ou em série.

(III) Nunca montar o fio de extensão perto da linha de força eletromotriz. (Montá-lo pelo menos a 30 cm de distância.)

(IV) Encostar a ponta do termopar no fundo do tubo de proteção.

COMPENSAÇÃO DA JUNTA DE REFERÊNCIA

Desde que o potencial gerado depende não só da temperatura da junta de medição como também daquela da junta de referência, para determinar a temperatura medida é necessário conhecer os seguintes valores:

(I)   Dados da calibração para o termopar (isto é, mV *vs.* T°)

(II)   Potencial medido

(III)   Temperatura da junta de referência

Vamos estudar o caso com um exemplo.

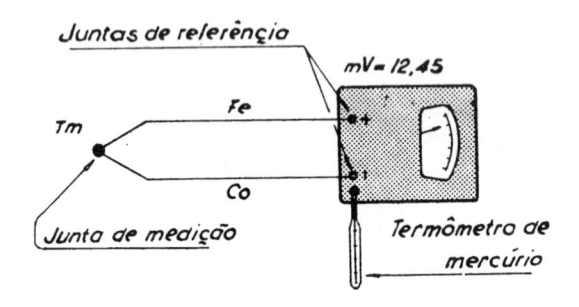

fig 2-27

Suponha um termopar de ferro-constantan ligado diretamente a um milivoltímetro, como na Fig. 2-27.

Imagine-se que a f.e.m. medida foi de 12,45 mV.

Segundo a tabela de ferro-constantan do fabricante obtém-se a temperatura correspondente de 230°C. Mas note-se que a tabela é feita para a temperatura de referência de 0°C, necessitando, pois, de correção. Por meio de um termômetro de vidro posto ao lado do milivoltímetro sabe-se que a temperatura da junta de referência nesse caso particular é de 22°C. Foi exposto que o potencial gerado entre as duas juntas é proporcional à diferença de temperatura entre os dois pontos, isto é, quanto mais alta a temperatura da junta de referência (T_r), para a mesma temperatura da junta de medição (T_m), tanto menor a diferença de temperatura $(\triangle T = T_m - T_r)$.

Nesse exemplo, $T_r = 22°C$ é mais alta do que $T_r = 0°C$ da tabela. Isso quer dizer que $\triangle T$, indicada no milivoltímetro, é menor do que o valor real. Para obter a temperatura medida real deve-se, portanto, somar ao valor da tabela o valor da temperatura da junta de referência encontrado na prática, nesse caso 22°C.

$$T_m = \triangle T + T_r = 230° + 22° = 252°C$$

Em alguns indicadores simples essa compensação é feita por uma resistência sensível à variação da temperatura ambiente, ou por um cabelo bimetálico no ponteiro indicador.

A Fig. 2-28 ilustra o primeiro caso.

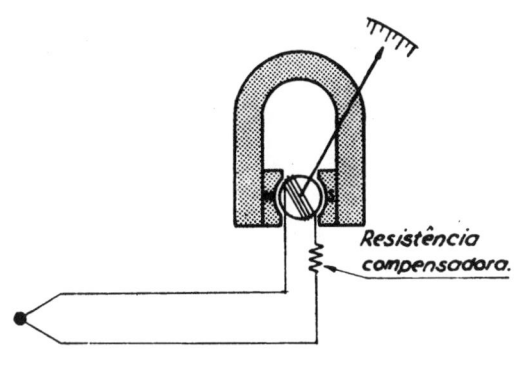

fig. 2-28

(G) TERMÔMETROS DE RESISTÊNCIA

A resistência elétrica de um fio de um metal puro varia proporcionalmente com a temperatura.

Tomando como exemplo um fio de platina com uma temperatura t_1, a resistência desse fio à temperatura t_2 é:

$$R_2 = R_1 (1 + A\triangle t + B\triangle t_2)$$

onde, R_1 = A resistência do fio à temperatura t_1 °C
R_2 = A resistência do fio à temperatura t_2 °C
A = Coeficiente de temperatura = $+0,00392$
B = Coeficiente de temperatura = $-0,000000588$
$\triangle t = t_2 - t_1$

Note que a variação da resistência não é rigorosamente linear com relação à variação da temperatura. Todavia, na prática considera-se $B = 0$. Nessas condições, a relação é linear, ou seja:

$$R_2 = R_1 (1 + A \triangle t)$$

Por outro lado, pela lei de Ohm, sabemos que: "A intensidade da corrente elétrica num condutor qualquer é diretamente proporcional à tensão entre duas extremidades e inversamente proporcional à resistência do condutor", isto é:

$$\text{Intensidade (Ampère)} = \frac{\text{Diferença de potencial (Volt)}}{\text{Resistência do condutor (Ohm)}}$$

Vemos que se mantivermos constante a diferença de potencial no condutor e variarmos a resistência do fio, que é uma função da temperatura, a intensidade da corrente elétrica variará inversamente àquela variação.

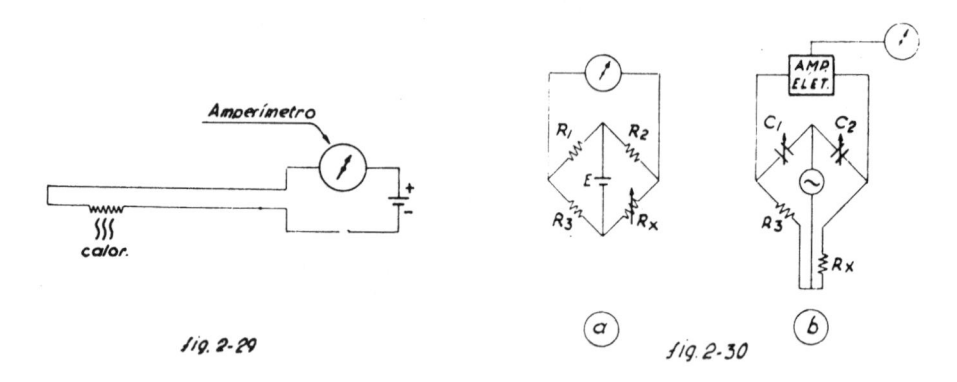

fig. 2-29

(a) fig. 2-30 (b)

Portanto, medindo-se essa corrente elétrica, como se representa na Fig. 2-29, teremos uma medida de temperatura, pois, como anteriormente estudado, existe relação entre a temperatura e a resistência.

Na realidade essa resistência é ligada num circuito de ponte, como na Fig. 2-30, provido de alimentação. Utilizando o sistema da Fig. 2-30 (b). pode-se efetuar medidas precisas.

Explicar-se-á mais profundamente a esse respeito no capítulo dos "Dispositivos de Indicação e Registração".

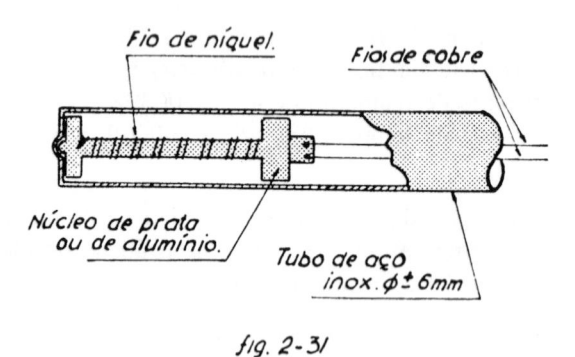

fig. 2-31

A Fig. 2-31 mostra um exemplo da construção de um bulbo de resistência.

Utilizam-se bons condutores, tais como níquel, platina e cobre, como material do fio. O fio de resistência é enrolado em duplo para eliminar o efeito indutivo.

As vantagens do termômetro de resistência são:

(1) Alta precisão
(2) Boa sensibilidade (equivalente à do termômetro a tensão de vapor)
(3) Melhor estabilidade do que a dos termopares. É adequado, portanto, para medir temperatura ambiente, embora sua faixa seja de $-200°$ até $600°$ C.
(4) Não precisa de compensação de junções, como no caso de termopares.

As desvantagens são:

(1) Necessita de uma bateria ou de uma fonte elétrica.
(2) Extremamente sensível à baixa isolação.

TERMÍSTORES

Como um elemento muito interessante citamos o termístor.

O termístor é um material semicondutor de eletricidade cuja resistência diminui com o aumento da temperatura, enquanto nos metais puros a resistência aumenta proporcionalmente à temperatura. O termístor, é, por isso, chamado também de resistência "NTC" (*Negative temperature coefficient*).

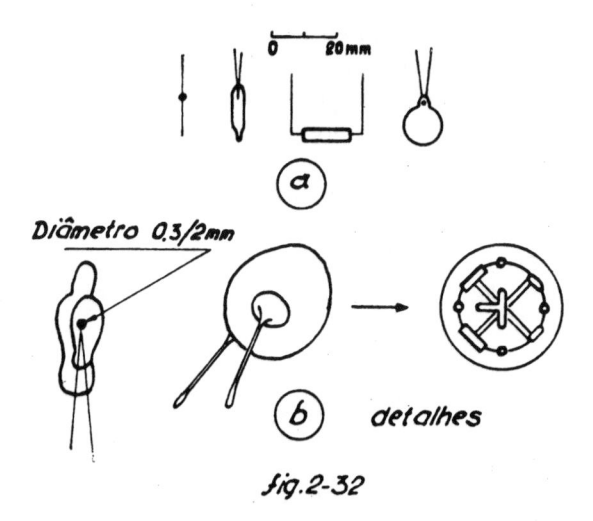

fig. 2-32

Geralmente os termístores são óxidos de metais, como cobalto, níquel, manganês, etc. e podem ser feitos em tamanhos muito pequenos, como exemplificado na Fig. 2-32.

Como no termístor a razão da variação da resistência para a variação da temperatura é extremamente grande em comparação com a dos termôme-

TABELA 2-7	
TIPO	Coeficiente de temperatura a 25°C
Termistor　　　　Disco de ϕ 10 mm	- 40　　　　$\Omega/°C$ *
Termômetro de resistência　Platina	+ 0,00392　　$\Omega/°C$

*(N.B.) Coeficiente de temperatura do termistor não é linear mas exponencial

tros de resistência comuns (ver o exemplo da Tab. 2-7), aquele é mais adequado para detectar pequenas variações de temperatura.

Ele funciona, em conjunto com circuitos eletrônicos, para servir de elemento compensador de variações da temperatura ambiente ou para indicação da mesma.

É interessante notar que o uso do termístor é cada vez mais freqüente em aeronaves, satélites artificiais e outros aparelhos eletrônicos, com a tendência de microminiaturização.

(H)　OUTROS TERMÔMETROS ELÉTRICOS

Existem vários tipos de termômetros elétricos que medem as altas temperaturas de objetos por meio da quantidade de energia irradiante dos mesmos. Um é chamado de pirômetro de radiação e outro de pirômetro óptico.

Como a energia irradiante é proporcional à quarta potência da temperatura absoluta do corpo quente (lei de Stefan-Boltzmann), por meio da energia irradiante podemos obter uma medida da temperatura do corpo quente. É o que se faz com os pirômetros de radiação.

Referindo-se à Fig. 2-33, a energia irradiante do corpo quente é focalizada, por meio de um sistema óptico, sobre termopares ligados em série.

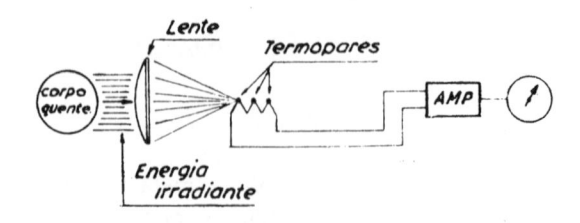

fig. 2-33

TABELA 2-8

TABELA SINÓPTICA DOS ELEMENTOS DE TEMPERATURA

	TIPO		Escala (°C) mín.	Escala (°C) máx.	Faixa mínima recom °C	Constante de tempo.	OBSERVAÇÕES.
FÍSICO	Termômetro de vidro	Mercúrio	−38	600	15	Alguns minutos	Barato.
		Álcool	−100	70	15		
	Termômetro bimetálico		−70	500	60	< 1 min	Fraco p/ super aquecimento.
	Termômetros à expansão	Vapor	20(°K)	300	20	> Alguns minutos.	Influência de T° ambiente.
		Líquido	−90	650	15		Fácilmente perde o zero.
		Gás	4(°K)	500	90		
ELÉTRICO	Termopar	Ferro-Const.¹	−200	1000	36 *	Segundos. (alguns minutos) quando tem bainha.	* Com amplificador eletrônico. Temperatura maxima da escala depende do tempo de utilização e N° do fio. ** Depende da composição do Pt-Rh.
		Cobre-const.	20(°K)	350	60		
		Cromel-Alumel	−180	1200	60		
		Pt - Pt Rh	0	1800**	60		
	Termômetro de resistência	Pt	−180	600	6	Segundos a minutos de- pendendo de forma, ta- manho e construção.	Maior precisão, anti-corrosivo.
		Cu	−140	120	4		Barato e precisão razoavél, fraco p/oxidação.
		Ni	−180	300	3		Coef. de T° grande.
		Termistor	−60	400	———	Depende	Coef. de T° maior.
	Termômetro de radiação	———	600	Sem	———	0,1 a alguns segundos.	Erro por absorção. Necessário corrigir por coef. de radiação.
	Termômetro óptico.	———	750	Sem	———		Depende da vista do operador.

Normalmente a temperatura nos termopares em série é da ordem de 60°C. Uma das desvantagens desse tipo é sua grande suscetibilidade às influências externas.

Nos pirômetros ópticos, a luminosidade de certa faixa, do espectro emitido pelo corpo quente cuja temperatura pretende-se medir, é visualmente comparada com uma fonte luminosa que se pode ajustar manualmente por meio de um potenciômetro calibrado de acordo com uma escala de temperatura.

A Fig. 2-34 exemplifica esse tipo.

Esse tipo de pirômetro pode medir temperaturas de até 2700°C, mas tem como desvantagem o erro devido a fatores individuais do operador, pois a comparação da luminosidade é feita pela visão humana.

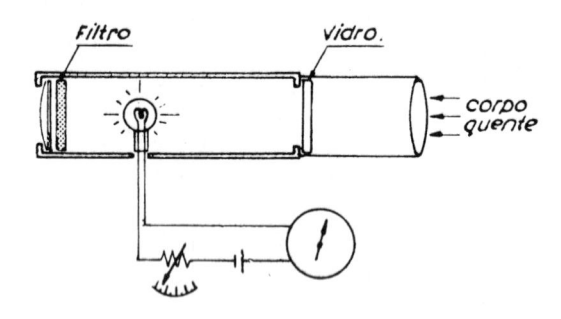

fig. 2-34.

A escala desses pirômetros, tanto do tipo de radiação como os do tipo óptico, não é linear.

SECÇÃO (4)

MEDIÇÃO DE VAZÃO

(A) GENERALIDADES E CLASSIFICAÇÃO

Em processos industriais o transporte da maioria dos materiais se faz através das tubulações.

A medida da vazão é tão importante quanto a do consumo de energia elétrica, para fins contábeis e para verificação do rendimento do processo.

Vazão é a quantidade — volumétrica ou gravimétrica — do fluxo em relação ao tempo.

A vazão volumétrica é expressa em unidades tais como metros cúbicos/hora ou litros/minuto. Multiplicando essas unidades pela densidade do fluido, obtêm-se as unidades da vazão gravimétrica correspondentes, por exemplo: toneladas/hora ou quilogramas/minuto.

No caso de líquidos homogêneos é fácil obter seu volume mediante seu peso e sua densidade. Mas, no caso de vapores e gases, onde as densidades variam dependendo das condições de trabalho, tais como temperatura e pressão, é prudente medir as vazões em unidades gravimétricas. Se assim não for, é necessário especificar as condições básicas da medida, por exemplo: N m³/h (Normais metros cúbicos/hora, isto é, a 0°C e 760mm Hg abs.) e scf/h (*Standard cubic feet*/hora, a 60°F e 14,73 p.s.i abs., conforme AGA N.º 3).

A medição de vazão é a única que deve ser feita com fluido em movimento, ao passo que todas as outras medições, como as de pressão, de temperatura e de nível, podem ser feitas em fluidos no estado estático.

Para medir a vazão, na maioria dos casos, deve-se colocar algum obstáculo ao fluxo na tubulação, o que irá provocar perturbação no mesmo, causando perdas de carga.

Existem três tipos fundamentais diferentes de medidores de vazão, que são: diretos, indiretos e especiais.

Em seguida, mostra-se a classificação desses medidores conforme o princípio de funcionamento de cada um:

(1) Medidores indiretos, utilizando fenômenos intimamente relacionados à quantidade do fluido passante

    (I) Perda de carga variável (área constante)
        (a) Orifício
        (b) Bocal
        (c) Tubo de Venturi
        (d) Tubo de Dall
        (e) Tubo de Pitot
        (f) Cotovelo especial

    (II) Área variável (perda de carga constante)
        Rotâmetro

    (III)   Medidores em canais abertos
        (a)   Vertedor
        (b)   Calha de Parshall

(2)   Medidores diretos de volume do fluido passante
    (I)   Deslocamento positivo do fluido
        (a)   Disco nutante
        (b)   Pistão flutuante
        (c)   Rodas ovais
        (d)   *Roots*
    (II)   Velocidade pelo impacto do fluido
        (a)   Tipo hélice
        (b)   Tipo turbina

(3)   Medidores especiais
        (a)   Eletromagnético
        (b)   Ultra-sônico
        (c)   *Mass flow*
        (d)   Fio quente

(B) MEDIDORES DE PERDA DE CARGA VARIÁVEL

Considerando-se uma tubulação com um fluido passante, chama-se perda de carga dessa tubulação a queda de pressão sofrida pelo fluido ao atravessá-la. As causas da perda de carga são: atrito entre o fluido e a parede interna do tubo — por exemplo: turbulência devida a uma mudança de secção transversal do tubo —, mudança de pressão e velocidade devida a uma curva ou a um obstáculo, etc.

Os diversos medidores de perda de carga variável usam diferentes tipos de obstáculos ao fluxo do líquido, provocando uma queda de pressão. Relacionando essa perda de pressão com a vazão, determina-se a medição desta última.

Normalmente empregam-se os seguintes obstáculos: orifício, tubo de Venturi, bocal, tubo de Pitot, etc.

Para medir a perda de pressão produzida por esses obstáculos, utilizam-se:

(1)   Tubo em U
      Manômetro de vidro em U simples
      Manômetro com câmara de Hg (pneumático ou elétrico)

(2)   Fole duplo

(3)   d/p cell (pneumático ou eletrônico)

Explicaremos aqui somente suas utilizações, deixando a descrição de detalhes para o capítulo dos "Transmissores".

Os dispositivos mais precisos desses tipos são os foles e o manômetro em U de mercúrio. São apropriados para indicação e registração de fluxos pulsantes. Apresentam, porém, suas desvantagens, que são:

(1) as calibrações são difíceis de mudar
(2) necessitam de potes de selagem, conforme o caso.

O d/p cell e outros tipos de "equilíbrio de forças" não são tão precisos como o diferencial de mercúrio ou os foles, mas, devido à facilidade na mudança de calibração e à isenção de potes de selagem, são adequados para as regulações em geral, desde que as oscilações sejam amortecidas convenientemente.

Todos esses dispositivos usam apenas de diferentes maneiras: "estrangulando-se um fluxo por um estreitamento, ou uma restrição qualquer, a relação entre a perda de carga, a área e a vazão desse estreitamento é a seguinte:

$$Q = K A \sqrt{\triangle P} *$$

onde, Q = Vazão do fluido do local do estreitamento

K = Constante física que depende das unidades usadas e de muitos outros fatores teóricos e empíricos

A: Área de passagem do estreitamento

$\triangle P$: Perda de carga entre o fluxo a montante e a jusante do estreitamento

Para demonstrar essa lei, coloca-se um orifício no fluxo de um fluido e mede-se a diferença de pressão por intermédio de um manômetro de mercúrio em U e várias colunas do próprio líquido do fluxo, como mostra a Fig. 2-35.

O manômetro indicará um diferencial h e as colunas indicarão alturas do líquido correspondentes às pressões estáticas das tomadas.

Como já se sabe, a diferença de altura do manômetro de mercúrio é proporcional à diferença entre a pressão de antes e depois do orifício, ou seja:

$$\triangle P = P_1 - P_2 = \rho h$$

onde, ρ = peso específico do líquido manométrico.

---

* Para a dedução dessa equação, ver Apêndice.

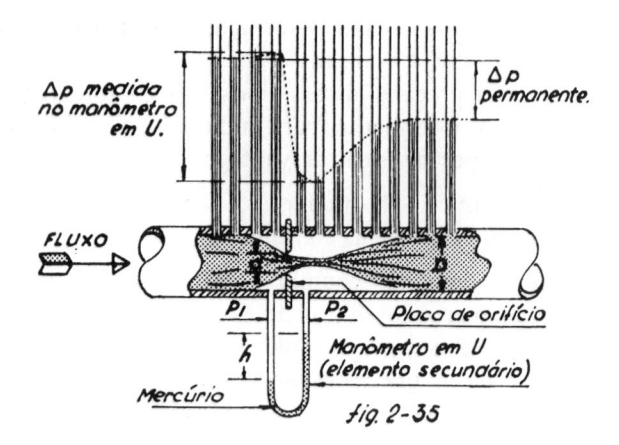

fig. 2-35

Então, ter-se-á através da leitura de h uma medida de vazão, porque

$$Q = K A \sqrt{\Delta P} = K A \sqrt{\rho h} = K A \sqrt{\rho} \sqrt{h}$$

Vê-se por essa expressão que a medida da vazão é uma função quadrática de altura manométrica (ver a Fig. 2-36), e esse fato, principalmente, limita o uso desse tipo de medidor, porque a partir de certo valor da vazão a coluna do manômetro em U teria que ter um comprimento exagerado, o que não seria nada prático na indústria.

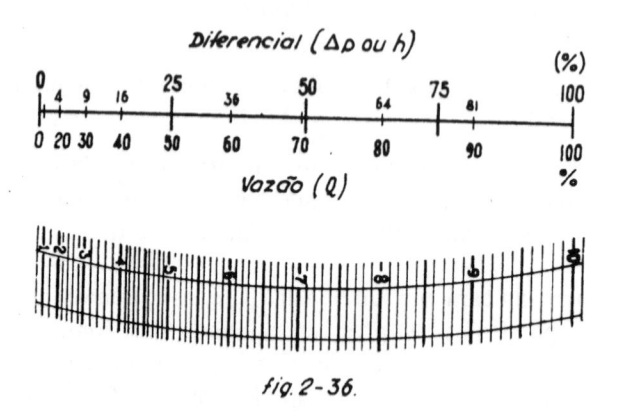

fig. 2-36.

Esse fato é facilmente observável no exemplo seguinte: Num medidor tipo orifício, uma diferença de altura de 9mm de mercúrio corresponde a uma vazão de 3 m³/h. Qual será a altura do mercúrio, se a vazão for 10 vezes maior?

Vê-se então que, enquanto a vazão aumentou de 10 vezes, a altura da coluna aumentou de 100 vezes.

Ora $Q_1 = K\,A\,\sqrt{\rho}\,\sqrt{h_1}$ onde $Q_1 = 30,\ h_1 = ?$

$Q_2 = K\,A\,\sqrt{\rho}\,\sqrt{h_2}$ onde $Q_2 = 3,\ h_2 = 9$

logo $\dfrac{Q_1}{Q_2} = \dfrac{\sqrt{h_1}}{\sqrt{h_2}}$ ou seja $\dfrac{h_1}{h_2} = \left(\dfrac{Q_1}{Q_2}\right)^2 = \left(\dfrac{30}{3}\right)^2 = 10^2 = 100$

então $h_1 = 100 \times h_2 = 100 \times 9 = 900$ (mm Hg)

Na prática costuma-se usar, em geral, esses tipos de medidores para medida de vazões que variem na razão de 1:3, exatamente pelo fato acima citado.

Outro inconveniente desse tipo, especialmente quando empregado para medir gases e vapores, é que a pressão diferencial medida e a vazão real só são corretamente relacionadas quando as condições de trabalho são aquelas utilizadas no cálculo, isto é, quando variam as condições de trabalho — por exemplo, a pressão e a temperatura — já se altera a relação entre o diferencial indicado e a vazão real.

Por exemplo: numa medida de vazão com determinada pressão de trabalho utilizada no cálculo, se a pressão de trabalho diminuir, por qualquer motivo, o medidor indicará falsamente uma vazão maior do que a da realidade e vice-versa.

Naturalmente, quando isto acontece são necessárias correções para obter a vazão real.

Todos os dispositivos do tipo perda de carga variável requerem fluxo uniforme em suas proximidades, especialmente a montante dos mesmos, o que é uma desvantagem. Isso porque, se houver turbulência na entrada do orifício ou tubo de Pitot, etc., as tomadas de pressão não irão medir as pressões estáticas corretas, o que introduz bastante erro na medida da pressão diferencial.

Por essa razão é necessário colocar os dispositivos num trecho reto da tubulação, sem outros obstáculos, para se ter uma determinação correta.

A extensão do trecho reto depende de muitos fatores, como, por exemplo, da razão do diâmetro do orifício para o do tubo (d/D) e do tipo de elemento de medida. Uma boa regra, porém, é adotar 10 D (dez vezes o diâmetro do tubo) na frente e 5 D após o dispositivo de medição.

Como último recurso, não havendo esse comprimento disponível, coloca-se um retificador de fluxo, constituído de várias divisões axiais, como mostra a Fig. 2-37, dividindo o fluxo em muitos pequenos canais e efetivamente aumentando o trecho reto de cada canal.

Faremos, a seguir, o estudo de cada dispositivo.

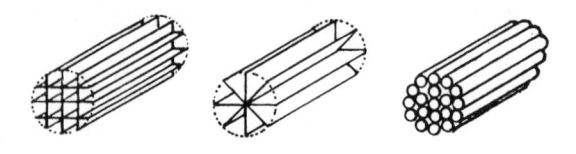

fig. 2-37

(I) ORIFÍCIO

Orifício é o obstáculo mais simples e o mais empregado, constituído de uma chapa grossa furada no centro, como exemplificado na Fig. 2-38. O tipo (*a*) é para uso geral; o tipo (*b*) é adotado quando se quer grande precisão em uma tubulação cujo diâmetro é menor do que 4″; o tipo (*c*) é para tubulações maiores do que 6″ e o tipo (*d*) é para medir fluidos muito viscosos.

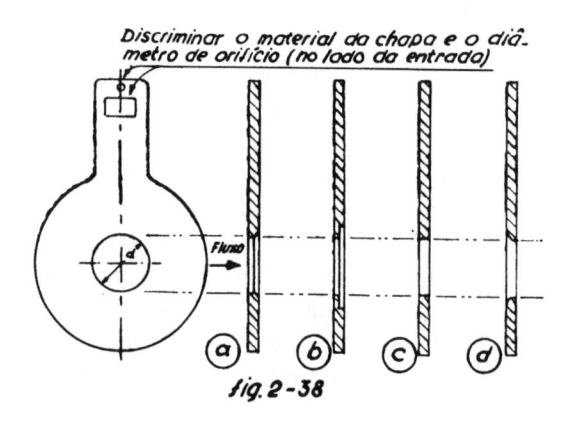

fig. 2-38

Na usinagem da placa de orifício deve-se tomar cuidado quanto aos seguintes pontos:

(1.º) o canto vivo do orifício no lado do impacto do fluido deve ser bem acentuado e sem rebarba;

(2.º) as superfícies da placa, especialmente no lado do impacto do fluido e dentro do furo, devem ser bem polidas, como espelho:

(3.º) o diâmetro do furo deve ser rigorosamente igual ao valor determinado pelo cálculo respectivo, com tolerância até da ordem de 0,01 mm, quando se exige grande precisão;

(4.º) o furo deve ser centralizado rigorosamente em relação ao tubo (excentricidade $< 3\%\, D$).

Existem vários tipos de montagem da placa de orifício, conforme as posições de tomadas, a saber:

(1.º) Nos próprios flanges

É um tipo de montagem de maior precisão, mas também necessita de flanges especiais, como mostram as Figs. 2-39 (*a*), (*b*) e (*c*).
Os tipos (*a*) e (*b*) são usados para tubulações de diâmetro entre 2″ e 6″.

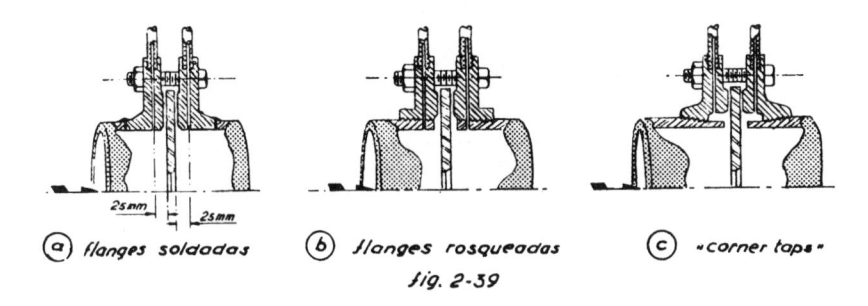

(*a*) flanges soldadas   (*b*) flanges rosqueadas   (*c*) «corner taps»

fig. 2-39

O tipo (*c*) é equivalente ao da Fig. 2-42, pois as tomadas estão colocadas imediatamente antes e depois do orifício. É usado para tubulações com diâmetro entre 3/4″ e 1 1/2″.

(2.º) No tubo, antes e depois do flange

Esse tipo não necessita de flanges especiais como o da Fig. 2-39, mas os furos das duas tomadas na própria tubulação devem ser feitos com muito cuidado, sem deixar saliência nem rebarbas, as quais introduziram erro na medida.   Existem duas maneiras de colocação das tomadas nesse tipo de orifício:

(a)   Nos pontos do maior diferencial (*Vena contracta*).

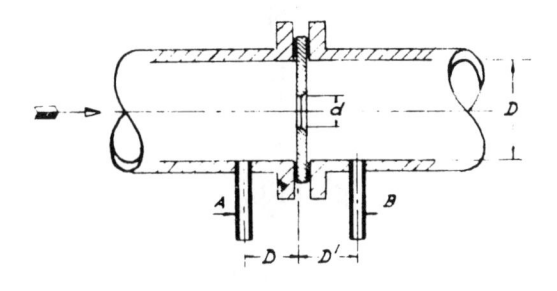

fig. 2-40

Referindo-se à Fig. 2-35 ilustrada anteriormente, as duas tomadas desse tipo são colocadas nos pontos que dão a maior perda de carga. Como a posição da tomada *B* da Fig. 2-40 é uma função de d/D, torna-se necessário mudá-la em caso de alteração do diâmetro do orifício.

Como uma aproximação para todos os valores de *d*, a tomada *B* pode ser colocada a $1/2$ *D* de distância da face de impacto do fluido, do orifício.

Esse tipo, quando bem calculado, é apropriado para uma medição precisa em tubulações com diâmetro maior do que 6″.

(b)   Nos pontos de perda de carga permanente (*Pipe taps*).

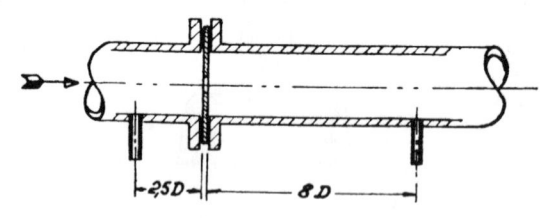

fig. 2-41

Esse tipo mede a perda de carga permanente provocada pelo orifício, como ilustrou-se na Fig. 2-35, pois a perda de pressão sofrida pelo orifício é parcialmente recuperada após certa distância do mesmo.

É usado em tubulações pequenas ($D<4''$) e nas medições de grandes vazões com um medidor de pequeno diferencial.

(3.º) **Na própria placa de orifício**

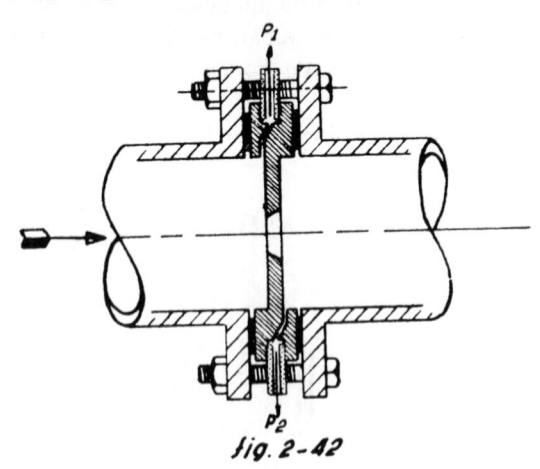

fig. 2-42

Como se pode verificar da Fig. 2-42, esse tipo mede o diferencial imediatamente antes e depois do orifício.

Apesar de a placa ser mais grossa e complicada do que as outras, não necessita de flanges especiais e muitas vezes pode adaptar-se entre dois flanges existentes.

Esse tipo também é muito preciso na medição.

As normas européias (VDI da Alemanha, UNI da Itália e AFNOR, da França) adotam esse tipo de orifício, enquanto que nos Estados Unidos os tipos anteriores são mais comuns.

As vantagens do orifício são:

1.º) confecção simples e barata;
2.º) facilidade de manutenção (troca fácil da placa).

As desvantagens do orifício são:

1.º) maior perda de carga (estrangulamento brutal) que a de todos os medidores do tipo de pressão diferencial;
2.º) a precisão diminui com o aumento da razão entre o diâmetro do orifício e o do tubo (faixa precisa dessa razão $= 0,35 \leqq d/D \leqq 0,65$);
3.º) sujeito a desgaste do canto vivo;
4.º) não é adequado para fluidos que contenham partículas sólidas em suspensão, pois essas irão obstruir o orifício.

Nota: Existem as placas de orifício excêntrico ou segmentado, que são apropriadas para os líquidos contendo sólidos em suspensão ou bolhas de gases. Quando se utilizar o orifício concêntrico para tais casos, a placa deve ser montada na tubulação vertical com fluido ascendente.

Para medir a vazão de vapores condensáveis deve-se prever um escape para o líquido que se condensa antes do orifício, como mostra a Fig. 2-43.

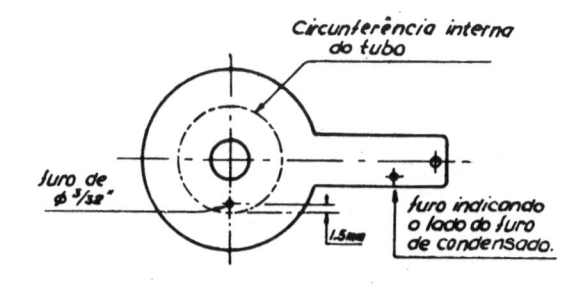

fig . 2-43

Detalhes sobre a montagem dos orifícios

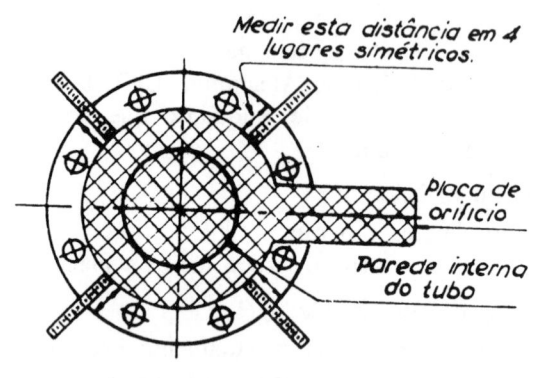

Fig. 2-44

(1.º)   Montar a placa do orifício e as guarnições bem concêntricas com o tubo. Um método de verificação é ilustrado na Fig. 2-44.

(2.º)   Montar a placa do orifício na posição certa com respeito à face da entrada e da saída.

(3.º)   Tanto a superfície interna do tubo nas proximidades do orifício como os furos de tomada de pressão devem ser isentos de rebarbas ou outras saliências.

(4.º)   Uso de câmaras de condensação:

Quando se utilizam medidores do tipo de "equilíbrio de movimento", para medir vapores condensáveis ou líquidos a temperaturas acima de 100° C, deve-se empregar câmaras de condensação nas saídas de tomadas de pressão (ver o exemplo da Fig. 2-45), a fim de manter constantes as alturas hidrostáticas e

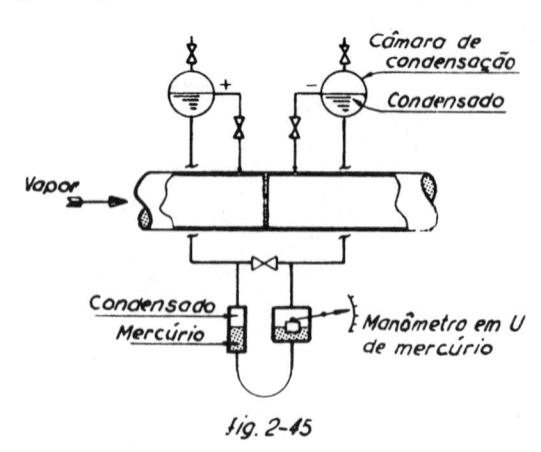

fig. 2-45

mantê-las frias nos dois lados, isto é, no lado de alta e no de baixa pressão.

Quando o medidor empregado, do tipo "equilíbrio de forças", for um d/p cell, por exemplo, não serão necessários esses dispositivos.

(5.º) Uso de selagem:

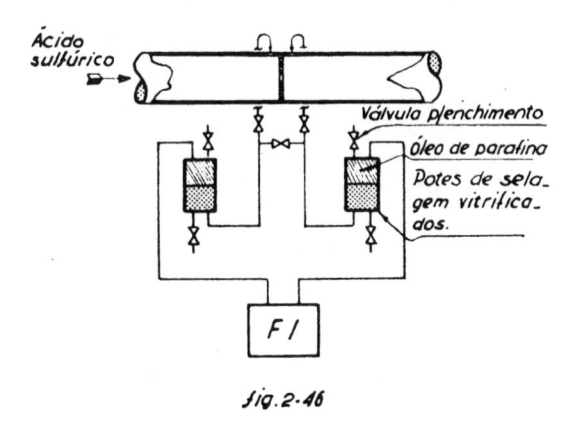

fig. 2-46

Quando o fluido é corrosivo ou viscoso utilizam-se potes de selagem nas tomadas. A Fig. 2-46 mostra um exemplo.

(6.º) Uso de purga:

Para evitar que os medidores tomem contato direto com fluidos que possam causar danos ou falhas no seu funcionamento, utilizam-se purgas, se for permitida a introdução do fluido de purga no processo. Têm-se dois tipos:

(a) Purga com gás para líquidos ou gases corrosivos:

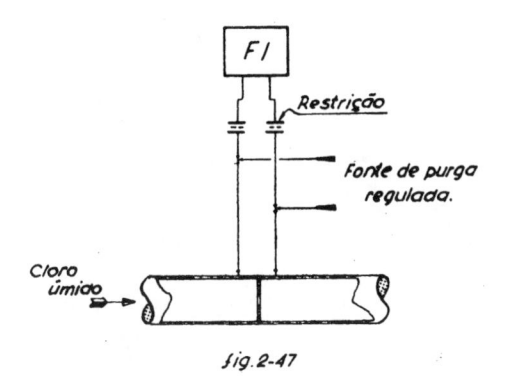

fig. 2-47

A Fig. 2-47 exemplifica o uso de purga com gás.

É importante manter uma vazão constante mínima necessária e prever uma medida de segurança para o caso de falha de alimentação do gás de purga. Na Fig. 2-48 ilustra-se um exemplo de regulador de vazão utilizado para essa finalidade.

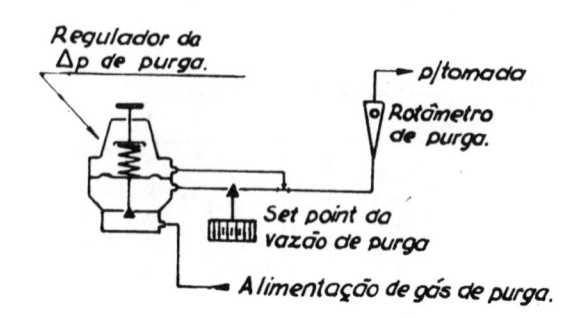

fig. 2-48.

(b)   Purga com líquido:

Quando o líquido a que se destina a medição é corrosivo, ou contém sólidos em suspensão, ou tende a cristalizar com a mudança de temperatura, utiliza-se da mesma maneira acima citada, purga com água ou outro líquido adequado.

(II)   TUBO DE VENTURI

Denominado *Tubo de Venturi* por Clemens Herschal em 1887, baseando-se no princípio descoberto por Venturi em 1797.

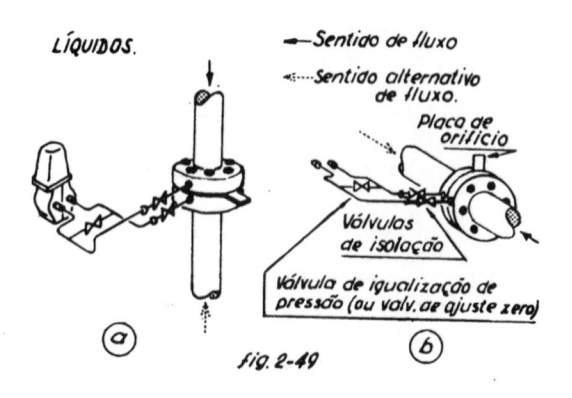

fig. 2-49

Montagem dos medidores em relação à placa de orifício

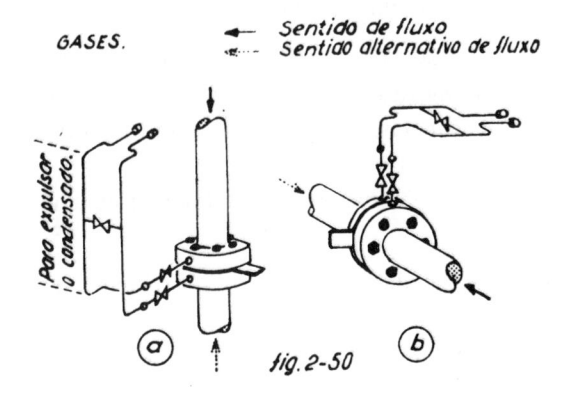

fig. 2-50

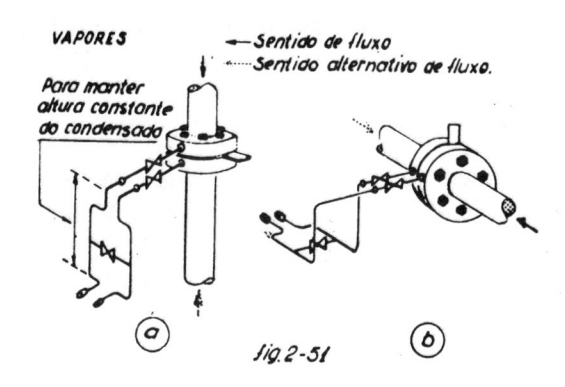

fig. 2-51

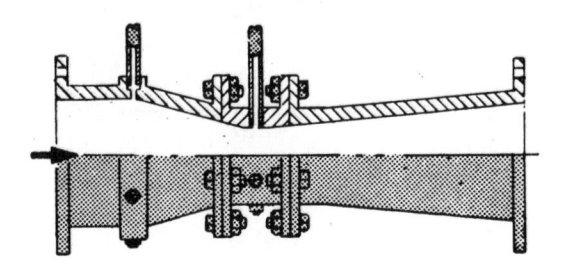

fig. 2-52

Esse tipo de obstáculo não causa estrangulamento brusco como no caso do orifício e, além disso, por meio de um alargamento, como mostra a Fig. 2-52, recupera bastante a perda de carga causada pelo estrangulamento.

Além das vantagens citadas acima temos:

1.°) maior precisão do que o orifício, mesmo com elevado valor de d/D;

2.°) pode ser empregado no caso de fluxos com alta velocidade, sem sofrer influência devido à abrasão, como no orifício, onde o canto vivo é fator importante;

3.°) menos sujeito a obstrução nos fluidos que contêm materiais sólidos em suspensão.

Para empregá-lo na medição de fluidos corrosivos, são revestidos internamente com materiais anticorrosivos.

As desvantagens são:

1.°) custo de construção mais elevado que o dos orifícios e bocais;

2.°) dimensões maiores;

3.°) necessita de trecho reto maior do que os orifícios.

(III) **BOCAL**

É um tipo intermediário entre orifício e tubo de Venturi.

Como se vê na Fig. 2-53, é um tipo de tubo de Venturi sem alargamento a jusante.

Sendo um tipo intermediário, têm como vantagens:

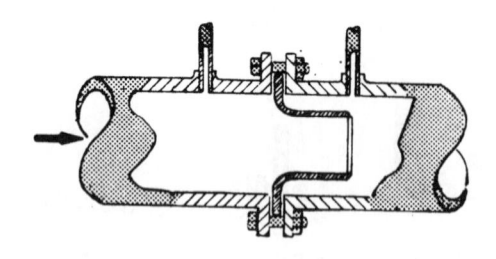

fig. 2-53

1.°) não provoca excessiva perda de carga. Tem capacidade de passagem 65% maior do que um orifício da mesma relação d/D;

2.º) não provoca turbulência do fluido;

3.º) apresenta boa resistência à abrasão, sendo adequado, portanto, para vapores de alta velocidade sob alta pressão;

4.º) O trecho reto pode ser menos longo do que o exigido para o orifício.

Sua desvantagem é de ter elevado custo de construção.

O bocal é utilizado em tubulações entre 6″ e 12″, quando a razão entre o diâmetro do orifício e o do tubo excede 0,75.

(IV) **TUBO DE PITOT**

É um dispositivo que mede diretamente a diferença entre a pressão dinâmica e a pressão estática do fluido.

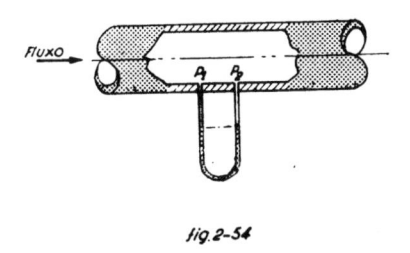

fig. 2-54

Colocando-se um tubo em U, como na Fig. 2-54, é óbvio que não há diferencial no manômetro.

Se, porém, se colocar um ramo do manômetro dentro do tubo e em oposição ao fluxo, como na Fig. 2-55, haverá desnível, porque o impacto do fluido exerce pressão diretamente na coluna do líquido manométrico (pressão dinâmica), isto é segundo a fórmula de Bernoulli:

$$h \cdot = \frac{V^2}{2g}$$

onde h = pressão diferencial em (m)

V = velocidade do fluxo em (m/s)

g = constante de gravidade = 9,8 (m/s²)

Por outro lado, sabe-se que existe a seguinte relação entre a velocidade do fluxo e a vazão:

$$Q = V{\cdot}A$$

onde V = Velocidade média do fluxo em (m/s)

      A = Área seccional do tubo em (m²)

Logo, a diferença de altura, convenientemente calibrada, é uma medida de vazão.

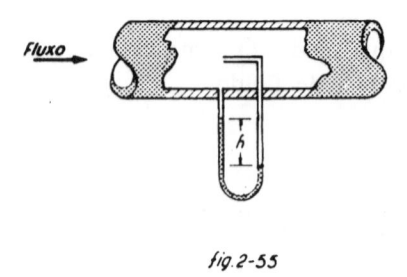

fig. 2-55

O tubo de Pitot mede apenas a velocidade do ponto de impacto e não a velocidade média do fluxo.

Assim sendo, a indicação da vazão não será correta se o tubo de impacto não for colocado no ponto onde se encontra a velocidade média do fluxo.

Ao mesmo tempo, para não causar turbulência no fluxo, esse tipo requer um trecho reto de 30 D, no mínimo, a montante.

Por isso o tubo de Pitot só é usado para grandes vazões de fluidos sem sólidos em suspensão, onde a precisão de medida não é exigida e a confecção de outros dispositivos é antieconômica.

Dadas essas limitações, ele não encontra grande aplicação industrial, exceto como velocímetro de avião, navio, túnel aerodinâmico, etc.

(V) MEDIDORES EM CANAIS ABERTOS

Existem dois tipos principais de medidores de vazão em canais abertos: um é o vertedor e outro a calha de Parshall.

O vertedor mede a altura estática do fluxo em um reservatório onde verte o fluido através de uma abertura de formato especial, como mostra a Fig. 2-56.

Quando se mede a altura estática, é importante tomar o impulso a montante e bem longe (no mínimo 3 vezes a altura máxima sobre o ponto de referência do vertedor, como indica a figura) do vertedor.

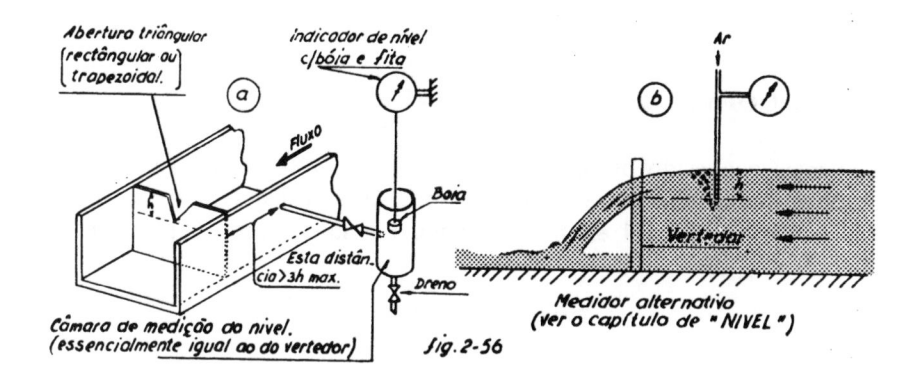

fig. 2-56

O medidor Parshall é um tubo de Venturi aberto e também mede a altura estática do fluxo a montante, que é uma função de vazão.

É mais vantajoso do que o vertedor porque dá menos perda de carga do que este e serve também para os fluidos com sólidos em suspensão. Sua confecção é mais cara, porém, do que a do vertedor.

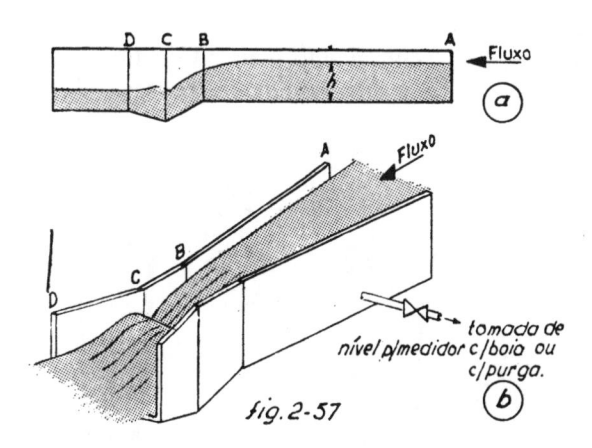

fig. 2-57

Enfim, ambos os tipos consistem de dispositivos de medição de nível, que é uma função da vazão, isto é:

$$Q = K h^n$$

onde,

     K e n = constantes dependendo do tipo e do tamanho do medidor.

     h = altura do líquido tomada convenientemente, como nas Figs. 2-56 e 2-57.

(C) MEDIDORES DE ÁREA VARIÁVEL

O mais conhecido dispositivo desse tipo é o rotâmetro. Compõe-se de um tubo tronco-cônico, geralmente de vidro, com o diâmetro menor do lado de baixo, dentro do qual existe um pequeno peso de formato peculiar.

fig 2-58

O peso (ou flutuador) flutua no fluido até que obtém um equilíbrio dinâmico, como mostra a Fig. 2-58.

O nome *rotâmetro* deriva do fato de existir um flutuador que "roda" nessas condições de equilíbrio.

Como se vê, pela Fig. 2-59, quanto mais alto o flutuador é impulsionado pelo fluido passante, maior é a área anular de passagem do mesmo, isto é, a vazão é maior.

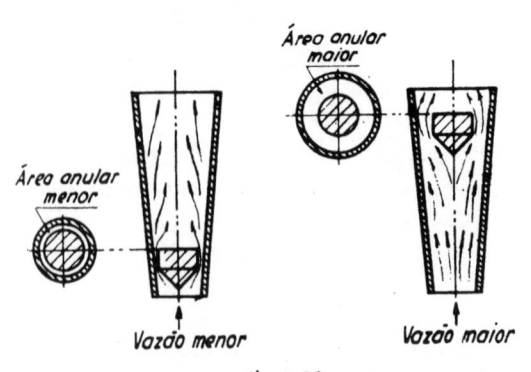

fig. 2-59

A perda de carga no rotâmetro é praticamente constante e é função do formato do flutuador.

Como

$$Q = K A \sqrt{\Delta P}$$

e nesse caso $\triangle P$ é constante, logo

$$Q = (K \sqrt{\Delta P}) A$$

Então, vemos que a vazão é uma função direta da área de passagem do líquido. Ela é aproximadamente proporcional à altura que o flutuador fica em equilíbrio.

Exemplo: Se uma vazão de 3 m³/h corresponder a uma altura do flutuador de 10 cm, para uma vazão de 6 m³/h o peso estará numa altura de 20 cm.

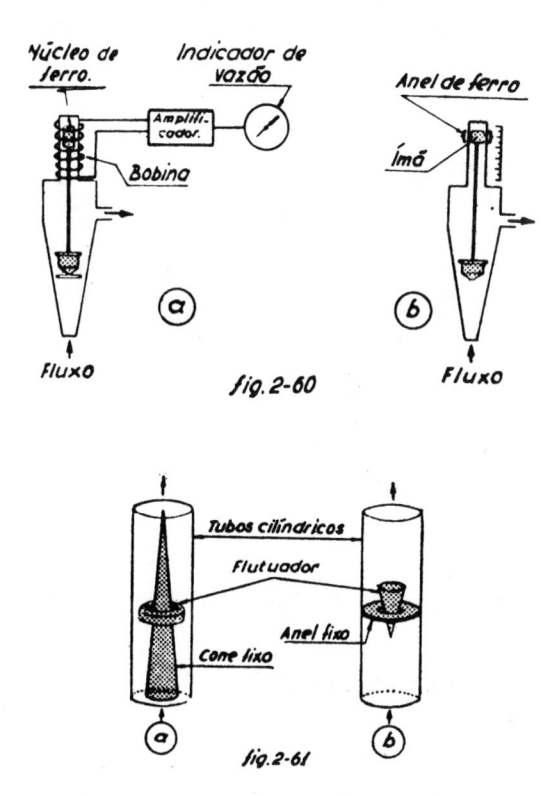

fig. 2-60

fig. 2-61

Nos rotâmetros eliminou-se a variação quadrática da medida de vazão, variação essa que existe nos casos de orifícios, bocais, etc., e por essa razão os rotâmetros são geralmente calibrados para vazões que variam na razão de 1 : 10.

Nos rotâmetros não existe a queda brusca de pressão, e a perda por atrito do fluido é mínima. Por sua construção, porém, não podem ser feitos para medir grandes vazões.

Os rotâmetros podem ser indicadores, transmissores ou controladores. Quando são indicadores a distância ou controladores, o flutuador pode ou ter um ímã em sua extensão, cujo movimento varia a indutância de uma bobina, ou ser acoplado com um sistema pneumático. O sinal da bobina ou do sistema pneumático é ampliado e aciona o controle ou indicador de um instrumento colocado à distância.

Como outra variação de rotâmetros existem exemplos como os da Fig. 2-61.

Na montagem de rotâmetros, deve-se tomar cuidado no seguinte ponto: os rotâmetros não servem como meio de fixação de tubulação. Caso contrário, pode haver dano nos tubos de vidro dos rotâmetros por causa de esforço das tubulações, o que acontece freqüentemente na prática.

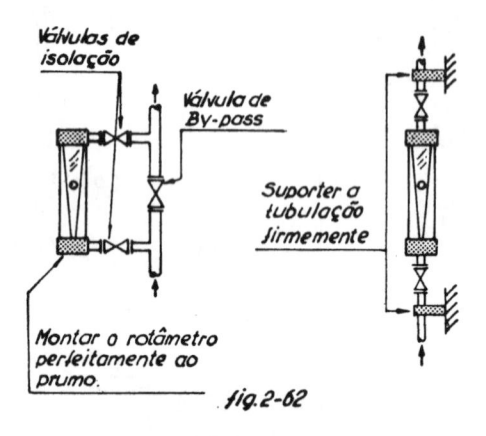

fig. 2-62

A Fig. 2-62 mostra exemplos típicos de montagem de rotâmetros.

(D) MEDIDORES VOLUMÉTRICOS

(I) TIPO DISCO NUTANTE

Nesse tipo de medidor certo volume predeterminado é deslocado continuamente pelo movimento rotativo de um disco, cujo centro é uma esfera, como mostra a Fig. 2-63.

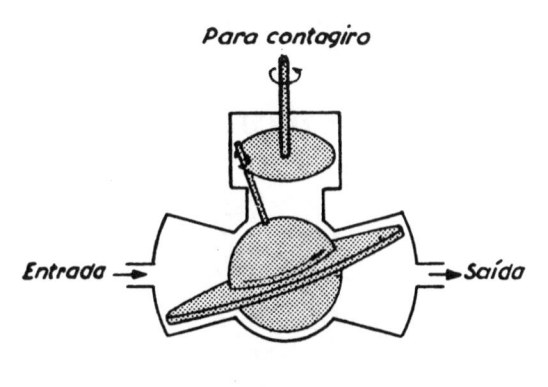

fig. 2-63

O número de rotações do disco é contado por meio de uma série de engrenagens e indica a quantidade de líquido deslocada de montante para jusante.

Trata-se, pois, de um integrador de vazão, sendo apropriado para medir vazões não muito grandes de líquidos limpos.

Emprega-se com tubulações de 1/2″ até 4″, para vazões de 0,2 até 100 m³/h, com a precisão de ± 1º/o.

(II) TIPO PISTÃO

Esse tipo oferece boa precisão, mas serve só para líquidos limpos.

(a) MOVIMENTO ALTERNATIVO

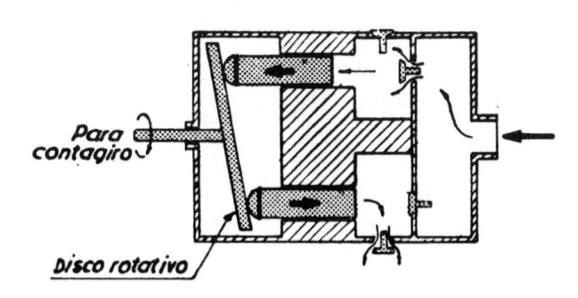

fig. 2-64

É um tipo de bomba de êmbolo de movimento retilíneo alternativo. Consiste em 4 ou 5 êmbolos acionados pelo próprio impacto do fluido progressivamente.

Emprega-se com tubulações de 1″ até 3″, para vazões de 10l até 75 m³/h, com a precisão de ± 0,25%.

(b) MOVIMENTO ROTATIVO OSCILANTE

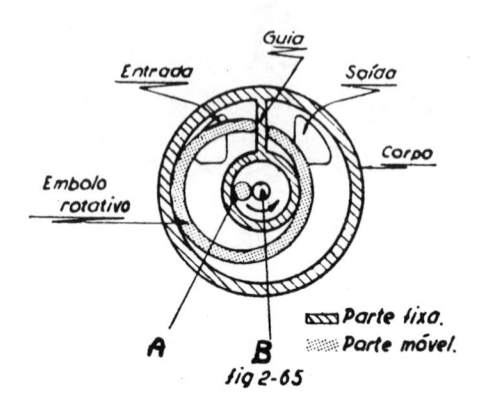

fig 2-65

Esse consiste de um corpo especial e de um êmbolo oco, dotado de um eixo central *(A)* que lhe é solidário. O êmbolo tem um rasgo axial que desliza sobre uma guia enquanto o eixo *A* vira em torno de outro eixo *(B)* do corpo, deslocando um volume predeterminado do fluido da entrada para a saída.

Emprega-se com tubulações de 1 1/2″ até 6″, para vazões de 2 a 150 m³/h, com precisão de 0,25%.

(III) TIPO ROTORES OVAIS

Esse é um tipo de bomba de engrenagem.

Ilustram-se dois exemplos nas Figs. 2-66 *(a)* e *(b)*.

Emprega-se com tubulações de 1/2″ até 4″, para vazões de 0,2 a 100 m³/h, com a precisão de ± 0,5%.

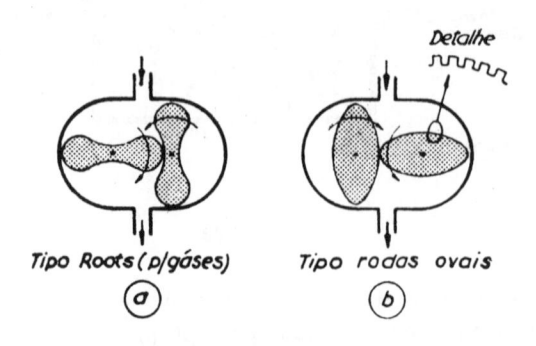

Tipo Roots (p/gáses)   Tipo rodas ovais
a   b

fig. 2-66

(IV) TIPO A VELOCIDADE

(a) TIPO HÉLICE

Esse é o tipo mais simples e mais utilizado. Consiste de um rotor e de uma câmara. A velocidade da rotação do rotor depende da velocidade, densidade e viscosidade do fluxo. Desprezando-se as variações da densidade e da viscosidade, a velocidade da rotação é proporcional à velocidade do fluxo,

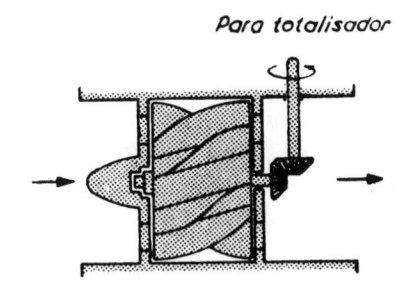

Para totalisador

fig 2-67

portanto, à vazão. O eixo da hélice pode ser colocado tanto horizontal, como mostra a Fig. 2-67, como verticalmente. A sua precisão é da ordem de $\pm$ 5%.

(b) TIPO TURBINA

Esse é um tipo praticamente semelhante ao da Fig. 2-67. Todavia, a folga entre o rotor da turbina e o corpo é bem menor do que no tipo anterior. É, portanto, um tipo mais preciso e mais caro.

Transformando a rotação da turbina em pulsos, utilizando circuitos eletrônicos, esse tipo pode servir para medir *mass flow* em combinação com dispositivos de correção de densidade (ver o parágrafo "Medidores de vazão compensada").

Pela sua construção, serve só para líquidos puros a alta velocidade.

(E) MEDIDORES ELETROMAGNÉTICOS

Os medidores eletromagnéticos baseiam-se na lei de Faraday sobre a indução eletromagnética: "Quando um condutor elétrico em movimento corta o fluxo magnético, gera-se uma força eletromotriz (f.e.m.) através desse condutor".

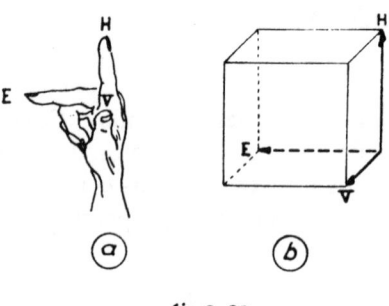

fig. 2-68

Essa lei é explicada convenientemente por Fleming, utilizando a mão direita, como na Fig. 2-68. Na figura H representa o campo magnético, V a velocidade do condutor e E a f.e.m. induzida.

Nessas condições a f.e.m. induzida é:

$$E = V \times H$$

Note-se que a f.e.m. não depende da condutibilidade do condutor.

Baseando-se nesse princípio, o medidor eletromagnético é um tipo de gerador elétrico. Como mostra a Fig. 2-69 (a), o campo magnético é fornecido pelas bobinas montadas ao redor da tubulação.

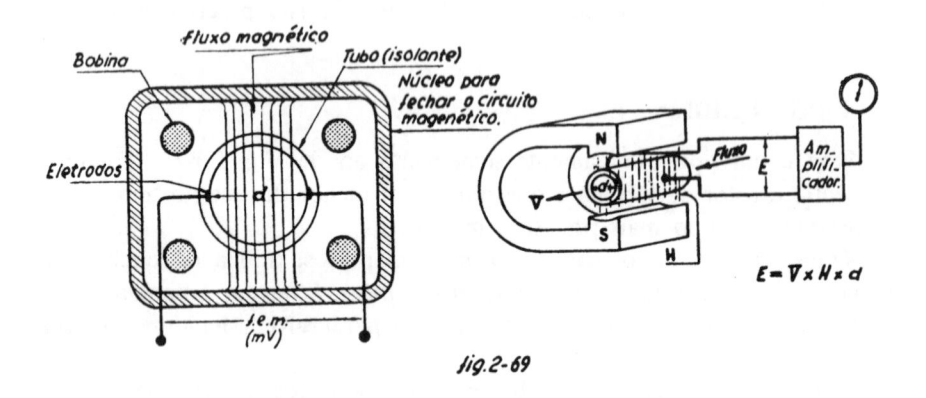

fig. 2-69

A excitação da bobina é feita com corrente alternada comercial, para evitar o efeito de polarização e facilitar a amplificação.

O condutor é o próprio fluido passante.

O potencial gerado é captado por dois elétrodos embutidos na parede interna do tubo, amplificado eletronicamente, e indicado numa escala convenientemente calibrada.

Como vimos anteriormente, a velocidade do fluxo é diretamente proporcional à vazão. A f.e.m. também é diretamente proporcional à velocidade do movimento do condutor, ou seja, do fluxo, nesse caso. Em vista disso e da sua boa sensibilidade, utilizam-se esses medidores para medir vazões que variam na razão de 1 : 100.

Além dessa, outras vantagens desse tipo de medidor são:

1.º) não tem perda de carga;
2.º) boa precisão e sensibilidade;
3.º) serve para fluxos pulsantes e o efeito de turbulência do fluxo é desprezível;
4.º) serve para líquidos com sólidos em suspensão, líquidos viscosos e corrosivos, pois o tubo pode ser revestido de material anticorrosivo, tais como Teflon, Neoprene, vidro, etc.
Todavia, o depósito de impurezas no tubo causa erros.
Têm suas desvantagens, tais como:

1.º) servem somente para líquidos com um mínimo de condutibilidade (acima de 20 microohms/cm);
2.º) elevado custo.

Como vemos, esse medidor é apropriado onde os outros tipos convencionais não conseguem medir, como, por exemplo, esgotos de cidade, fluxos que invertem o sentido, etc., e existe em tamanhos desde 1/4″ até 2 m de diâmetro.

(F) OUTROS MEDIDORES DE VAZÃO

Existem vários tipos de medidores de vazão especiais. Mas a utilização desses tipos é justificada somente quando outros tipos comuns não podem ser empregados.

Medidores de *mass flow* são aqueles que medem a quantidade do fluxo passante em função do volume, mas com correção de densidade. Na construção, estes podem ser do tipo volumétrico com turbina ou do tipo acústico.

Todos esses tipos especiais requerem computadores ou dispositivos eletrônicos complexos, que são naturalmente de elevado custo de instalação.

(G) MEDIDORES DE VAZÃO COMPENSADA

Como explicou-se na pág. 42 (no parágrafo de "Medidores de perda de carga variável"), todos os medidores de vazão, exceto os medidores do tipo *mass flow,* são sujeitos a dar erros, devido à mudança de condições de trabalho no fluido.

Por exemplo: na medição de vazão de gases e vapores, a densidade do fluido variará dependendo da pressão e da temperatura de trabalho. Por isso, é preciso efetuar correção ou compensação para essa variação.

Têm-se duas maneiras de compensação:

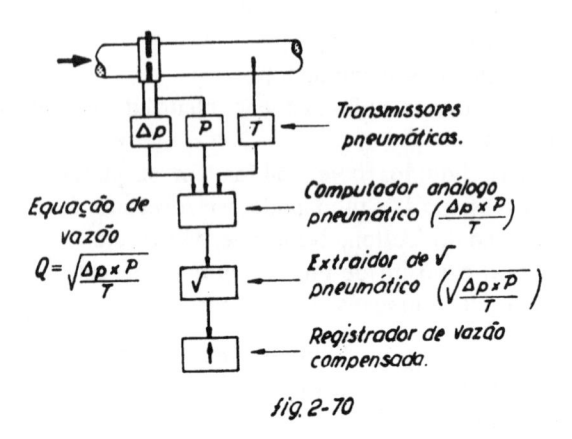

fig. 2-70

Uma é medir a temperatura e a pressão do fluido e, baseando nessas duas medidas, computar o fator de correção, como se representa na Fig. 2-70.

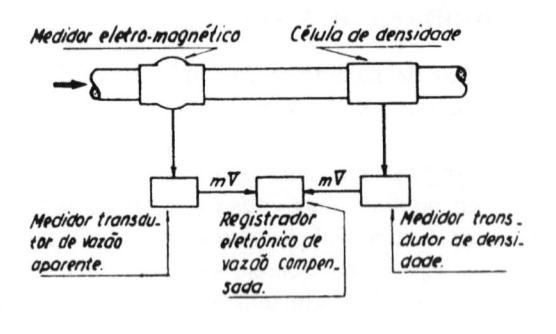

fig. 2-71

Outra maneira é medir diretamente a densidade e efetuar a compensação. Um exemplo é ilustrado na Fig. 2-71.

Esse é um medidor do tipo *mass flow*.

(H) INTEGRADOR DE VAZÃO

Como explicou-se anteriormente, vazão é a quantidade do fluxo passante referida a uma unidade de tempo. Multiplicando, pois, essa vazão por determinado período de tempo, obtém-se a quantidade do fluido passante durante esse tempo. O dispositivo empregado para tal finalidade é chamado totalizador ou integrador de vazão.

EXEMPLO: INTEGRADOR PNEUMÁTICO M-14A (FOXBORO)

O funcionamento desse dispositivo é o seguinte:

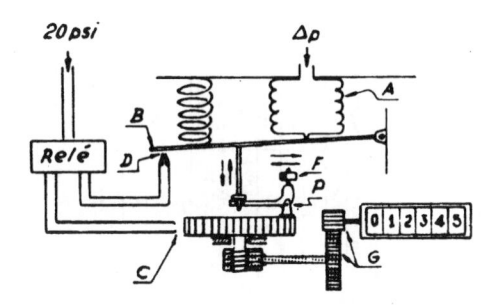

fig. 2-72

Referindo-se à Fig. 2-72, o fole *A* recebe o sinal de pressão diferencial em 3 a 15 p.s.i. do transmissor de vazão.

A força exercida pelo fole *A* atua na palheta *B,* o que faz fechar o bocal *D* e, conseqüentemente, aumenta a pressão do ar de saída do bico *C.* (Ver o capítulo dos "Transmissores" quanto ao funcionamento do conjunto bocal-palheta).

O ar soprado do bico *C* gira o rotor da turbina, o qual movimenta o conta-giro através de uma série de engrenagens *G.* Quanto maior a pressão diferencial no fole, tanto maior a velocidade de rotação da turbina. Nessas condições, o conta-giro indica um número proporcional à velocidade de rotação, que é uma função da pressão diferencial $\triangle P$ recebida do transmissor.

Quando se deseja a integração de uma vazão é inútil totalizar diretamente a pressão diferencial. Isso porque, como explicou-se anteriormente, a relação entre a vazão e a pressão diferencial medida é quadrática, ou

$$\text{Vazão} \; \propto \; \sqrt{\triangle P}$$

TABELA 2-9.

TABELA SINÓPTICA DE TOMADAS DE IMPULSOS DE VAZÃO.

Princípio	Tipo	Tamanho (pol.) min.	Tamanho (pol.) máx.	Capacidade (m³/h água) min.	Capacidade (m³/h água) máx.	Condições máximas de trabalho T°(°C)	Condições máximas de trabalho P(ate)	Precisão (% da escala máx.)	Razão de vazões máx. e mín.	Escala	À prova de explosão	Adapta para slurry	Δp (m H₂O)
Δp variável	Orifício e bocal.	1	30	5	5000	–	–	5 a 2	3 : 1	√	Sim	?	0,5 a 3
	Pitot.	4	30	50	7000	–	–	5 a 10	3 : 1	"	"	Não	0
	Cotovêlo especial.	2	16	35	2000	–	–	5 a 15	3 : 1	"	"	"	0
Area variável	Rotâmetro comum de vidro.	1	3	0,3	50	120/250	35(a 250°C)	1 a 2	10 : 1	Linear	"	?	0,5 a 3
	" com extensão.	1½	10	25	1000	"	300(a 200°C)	1 a 5	10 : 1	"	"	Não	"
	" de purga.	⅛	¼	0,05	0,75	"	35(a250°C)	1 a 3	5 : 1	"	"	"	"
Volumétrico	Disco nutante	½	4	0,2	100	150	70	1	15 : 1	"	"	"	0,5 a 2
	Pistão	1	6	0,01	150	100	10	2 a 3	15 : 1	"	"	"	0,5 a 4
	Hélice	½	4	0,2	100	40	16	2 a 5	15 : 1	"	"	"	0,5 a 2
	Turbina	½	6	0,25	700	200 a 250	1"-200/6"-60	5 a 1	20 : 1	"	Não	"	4 a 10
Eletromagnético.		¼	72	0,3	20.000	60(Neopreno) 180 (Vidro)	1"-200 6"-60	5 a 1	100 : 1	"	"	Sim	0

Portanto, para integrar a vazão, precisa-se de um mecanismo que relacione o valor quadrático da pressão diferencial com a vazão.

Esse mecanismo consiste de um pequeno peso F sobre o pivô livre P no rotor, como na figura. A força centrífuga desenvolvida pelo peso F, que atua na palheta B, é

$$F \propto V^2$$

onde V = velocidade de. rotação do rotor

Essa força exercida para cima entra em equilíbrio com a força exercida pelo fole para baixo, ou vice-versa. Isso quer dizer que F e $\triangle P$ estão relacionados proporcionalmente.

Portanto, a relação entre a vazão e a velocidade, que é indicada no conta-giro, é linear, pois

$$\text{Vazão} \propto \sqrt{\triangle P} \propto \sqrt{F} \propto \sqrt{V^2} = V$$

Por isso, consegue-se integrar a vazão em função da rotação da turbina, evitando a função quadrática.

A mudança do fator de vazão é feita trocando a razão de redução nas engrenagens G.

SECÇÃO (5)

MEDIÇÃO DE NÍVEL

(A) GENERALIDADES E CLASSIFICAÇÃO

Os dispositivos de medida de nível medem ou a posição da superfície do líquido sobre um ponto de referência ou a altura hidrostática criada pelo líquido cuja superfície se deseja conhecer.

Baseando nesses dois princípios, os medidores de nível são classificados como em seguida:

(I) Medição direta

    (a) Visores de nível
    (b) Bóias
    (c) Contatos de elétrodos

(II)   Medição indireta

1.º)   Por meio de pressão estática no fundo dos tanques
     (a)   Borbulhamento
     (b)   Manômetro em U
     (c)   Caixa de diafragma
     (d)   d/p cell

2.º)   Por meio de pressão diferencial entre fase líquida e fase gasosa
     (a)   d/p cell
     (b)   Manômetro em U

3.º)   Por meio de medição de empuxo
     (a)   Corpo imerso

4.º)   Outros medidores especiais
     (a)   Capacitância
     (b)   Radioatividade
     (c)   Ultra-som
     (d)   Fotoelétrico
     (e)   Termístor

(B)   MEDIÇÃO DIRETA

(a)   VISORES DE NÍVEL

Existem muitas variedades de visores de nível de vidro tubular que podem ser utilizados sob condições de serviço de até 200ºC e 30 ata, no máximo, assim como outros tipos mais robustos e bem mais caros, que podem servir até 500ºC e 350 ata.

A dificuldade comum dos visores de nível é o escurecimento do visor com o tempo.

De qualquer maneira é o tipo mais simples e adequado para a indicação local dos níveis.

No caso do tipo *reflex* (o segundo tipo mencionado acima), é importante que todos os parafusos do visor sejam apertados uniformemente, para evitar a quebra do vidro por causa das variações da temperatura de trabalho.

(b)   BÓIAS

A bóia é o sistema mais comum no caso de tanques abertos, mas também pode servir para os tanques pressurizados, junto com um acoplamento especial.

A vantagem da bóia é ser praticamente isenta do efeito de variação de densidade do líquido e ser adequada para medir grandes variações de nível (até 30 m).

A bóia pode acionar, por meio de um sistema de roldana e fita, uma seta indicadora ou, por meio de um sistema mecânico, um indicador transmissor, pneumático ou elétrico. Serve, ainda, para acionar controladores do tipo tudo-ou-nada, assim como alarmes.

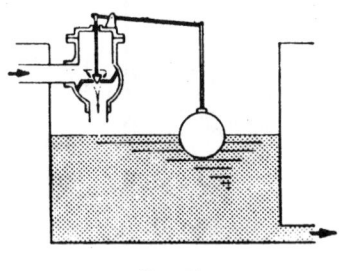

fig. 2-73

Por exemplo, a válvula de bóia, ilustrada na Fig. 2-73, é um dos reguladores mais antigos e familiares.

As bóias podem acionar contatos elétricos, por meio de um eixo flexível ou de um acoplamento magnético, como na Fig. 2-74. Na Fig. 2-74 (b), se se substituir o ímã por um transformador diferencial bobinado ao redor do tubo de extensão e conectar-se a saída do transformador a um amplificador eletrônico, pode-se obter uma indicação contínua e linear do nível a distância.

Uma das desvantagens da bóia é ser muito sensível à agitação do líquido.

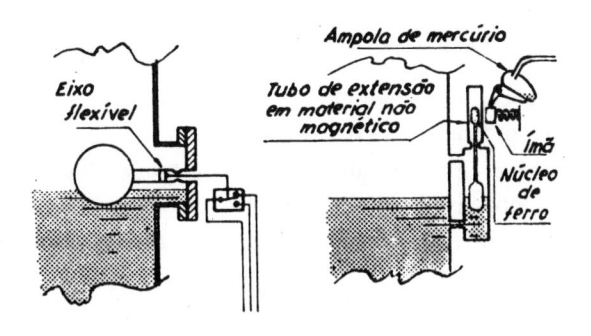

fig. 2-74

(C) BORBULHAMENTO

Quando a densidade do líquido é constante, pode-se usar o borbulhamento para medir níveis em tanques abertos.

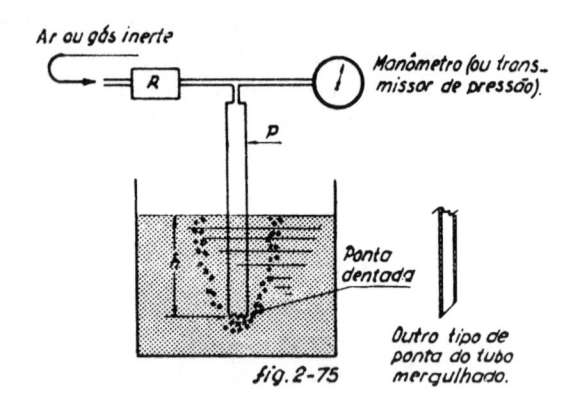

fig. 2-75

Referindo-se à Fig. 2-75, o ar de alimentação é constantemente introduzido na parte superior de um tubo mergulhado e sai em borbulhas pela sua extremidade inferior.

A pressão no tubo estará sempre em equilíbrio com a altura hidrostática *(h)* do líquido, isto é:

$$P = h \times \rho \qquad ou \qquad h = \frac{P}{\rho}$$

onde h = nível
P = pressão
ρ = peso específico do líquido

Nessas condições, um manômetro adequadamente calibrado, instalado nesse tubo, poderá indicar o nível do tanque.

A faixa utilizável é de 0 até 40 metros, no máximo, dependendo da pressão disponível do gás de borbulhamento.

Na execução desse tipo deve-se tomar cuidado nos seguintes pontos:

1.º) o tubo de interligação deve ter diâmetro apropriado para não dar perda de carga (especialmente o tubo mergulhado);

2.º) na Fig. 2-75, R indica uma unidade de regulador de vazão, como ilustrado na Fig. 2-48. É importante manter a vazão constante, especialmente quando o nível varia amplamente, para evitar o entupimento da extremidade do tubo mergulhado;

3.º) a extremidade inferior do tubo mergulhado deve ter uma forma dentada para fazer borbulhamentos suaves.

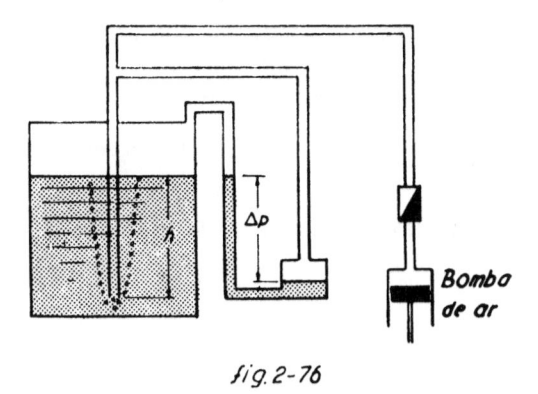

fig. 2-76

Exemplos do diâmetro do tubo mergulhado e da vazão de ar são: 1/2″ e 12 a 30 l/h, respectivamente.

Para um reservatório pressurizado pode-se usar um manômetro em U, como mostra a Fig. 2-76.

As vantagens do sistema de borbulhamento são:

1.º) construção simples;

2.º) o tubo mergulhado pode ser feito de materiais anticorrosivos;

3.º) a indicação pode ser feita a uma distância de 200 m.

Esse tipo é especialmente recomendado no caso de tanques grandes, onde a variação de nível não seja muito rápida, pois do contrário o indicador acusará resposta muito lenta.

(D) MANÔMETRO EM U

Se se colocar um manômetro em U, de mercúrio, no fundo de um reservatório, como na Fig. 2-77, a diferença de altura h é uma medida de nível.

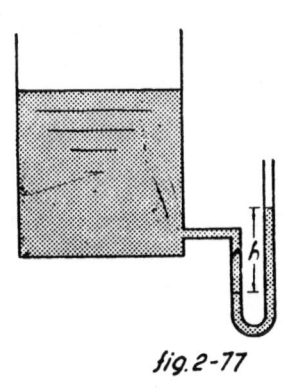

fig. 2-77

Esse manômetro em U pode ser de um tipo com duas câmaras, como na Fig. 2-7 (e). Uma bóia, colocada em uma das câmaras, pode acionar um indicador ou transmissor, como mostra a Fig. 2-7 (e).

Na Fig. 2-78 ilustram-se exemplos de montagem desse tipo em tanques pressurizados.

Em geral, a faixa máxima que se pode medir com esse medidor é da ordem de 20 m.

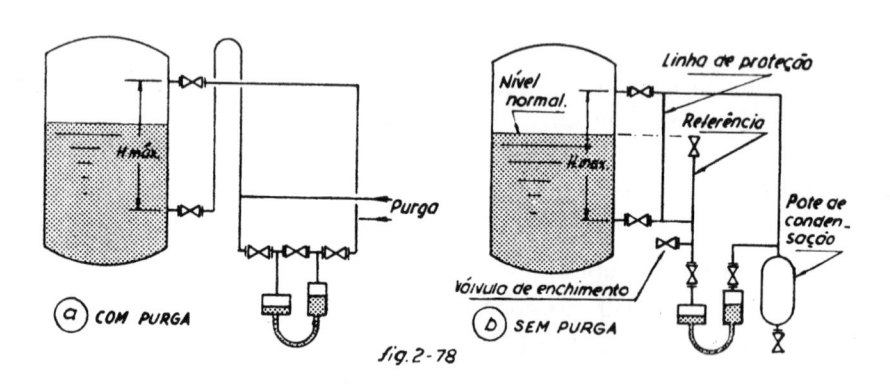

fig. 2-78

(E)   **d/p CELL**

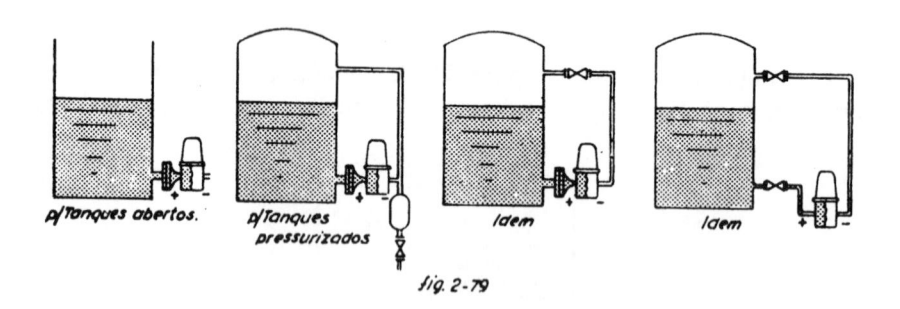

fig. 2-79

Explicar-se-á o funcionamento desse dispositivo no capítulo dos "Transmissores".

Sua aplicação para medida de nível é bastante difundida, especialmente quando se trata de altas pressões e tanques pequenos, onde não cabem as bóias ou os corpos imersos.

Na Fig. 2-79 ilustram-se exemplos de montagem desse tipo.

(F) CAIXA DE DIAFRAGMA

Se se mergulhar uma câmara cujo fundo seja de material elástico, como na Fig. 2-80, a variação de pressão da câmara indicará o nível h do reservatório.

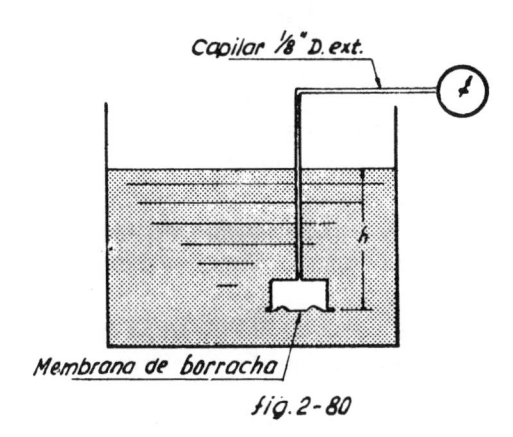

Capilar ⅛" D. ext.

Membrana de borracha

fig. 2-80

Esse é um tipo muito simples e econômico de medidor mas serve somente para tanques abertos e, à medida em que o comprimento do capilar cresce, sua resposta se torna cada vez mais lenta.

Existe um exemplo cuja faixa é de 40 m, com o comprimento do capilar de 40 m.

Outra desvantagem é que esse tipo é extremamente sensível a vazamentos no sistema.

(G) CORPO IMERSO

Consiste simplesmente de um flutuador comprido colocado dentro do líquido e acoplado a um tubo de torção.

O flutuador praticamente não se move. Em função do nível, o empuxo que o líquido exerce sobre o flutuador acoplado a um tubo de torção é transformado em movimento rotativo. Esse movimento pode ser ɪmpregado para indicar, regular ou transmitir a posição do nível.

A Fig. 2-81 mostra o princípio desse tipo de medidor.

Ele é muito preciso ($\pm$ 0,5%) quando o flutuador é menor que $\pm$ 80 cm. É adequado para controlador local.

Não é adequado para líquidos cuja densidade varie.

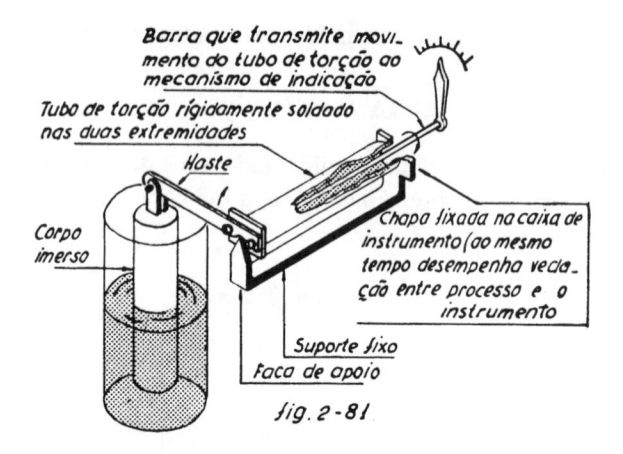

fig. 2-81

À medida que aumenta o comprimento do flutuador (até 6 m, no máximo) o sistema perde sua precisão — porque é muito sensível ao prumo — e fica também antieconômico.

Visto que é perfeita a estanqueidade entre o corpo imerso e o tubo de torção, esse sistema presta-se para medir os níveis em tanques pressurizados.

(H)   OUTROS MEDIDORES DE NÍVEL

Citamos apenas dois tipos principais.

Tem-se primeiro o tipo capacitância.

Se se mergulhar num recipiente uma barra condutora isolada, formar-se-á uma capacitância entre ela e recipiente. Essa capacitância é uma função do nível da substância medida.

Emprega-se um indicador eletrônico para detectar a variação da capacitância.

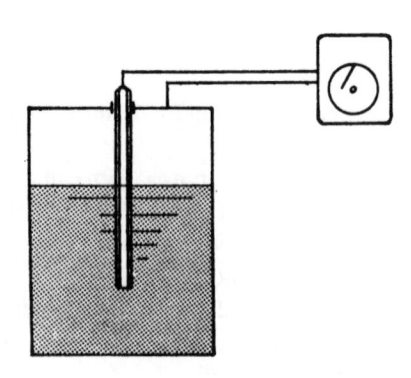

fig. 2-82

TABELA 2-10

TABELA SINÓPTICA DOS MEDIDORES DE NÍVEL.

Tipo	Condições máximas de trabalho.		Precisão (%)	Faixa recomendada (m H₂0)		Adaptabilidade para slurry.	Observações
	T(°C)	P(ate)		máx.	mín.		
Bóia e fita.	—	—	1	15	0,125	Bom.	
d/p cell comum.	Sem	-1 a 350	± 1	20	0,125	Razoável c/purga.	Robusto e boa estabilidade.
d/p cell com flange direta.	0 a 180	20	± 1	20	0,5	Bom	
d/p cell com borbulhamento.	—	350	± 0,5 a 2	—	—	"	Para Rs. abertos e fechados.
Caixa de diafragma.	120	—	± 0,5 a 2	15	0,3	Razoável.	Só para Rs abertos.
Corpo imerso.	-200 a 450	100	± 1	3	0,35	"	"
Capacitância (barra de teflon)	200	40	—	4	—	Não	Para material condutor de eletricidade
" (barra metálica)	400	250	—	—	—	"	" idem.
Raio γ.	-40 a 70	—	± 2	3	—	Excelente	Serve para sólidos também

Esse sistema tem a capacidade da construção anticorrosiva. Mas, como todos os medidores eletrônicos especiais, é de elevado custo e muito sensível às variações das condições de trabalho, isto é, temperatura e umidade do material.

O segundo tipo interessante é o medidor utilizando radioisótopos. A absorção de raios gama é proporcional ao produto da densidade e da espessura do material colocado entre a fonte radioativa e o detector, o qual pode ser um contador Geiger, uma câmara de ionização ou de cintilação. Portanto, se se puser a fonte no fundo do tanque e no seu topo o contador, como na Fig. 2-83 (a), a intensidade detectada por ele é proporcional à espessura ou, nesse caso, ao nível do material estocado no tanque.

Esse tipo tem a vantagem de servir para sólidos e líquidos corrosivos ou viscosos, em tanques de pressão e de temperatura altas, pois não necessita de contato direto com o material.

Ilustram-se vários casos desse tipo na Fig. 2-83, conforme as posições da fonte radioativa e do detector:

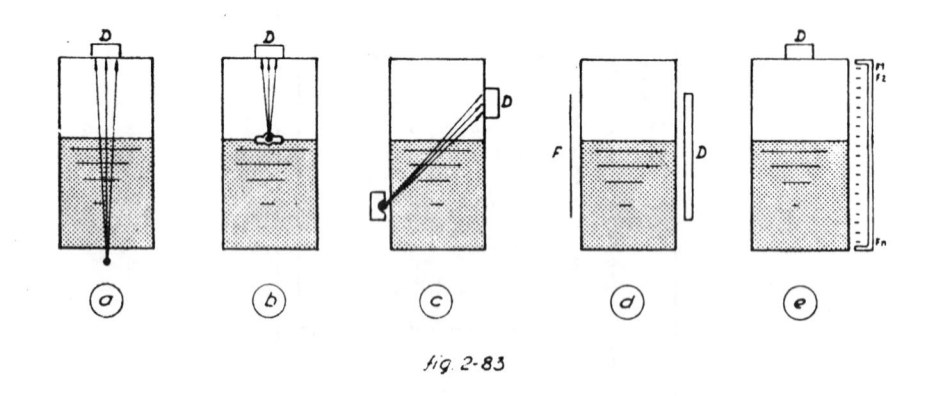

fig. 2-83

SECÇÃO (6)

MEDIÇÃO DE DENSIDADE

A medida de nível convenientemente aplicada servirá para medida de densidade, pois o que se mede é o peso do líquido no fundo do tanque e esse peso é proporcional tanto à altura como à densidade, ressalvando-se, porém, que na medida da densidade o nível do reservatório deve permanecer invariável.

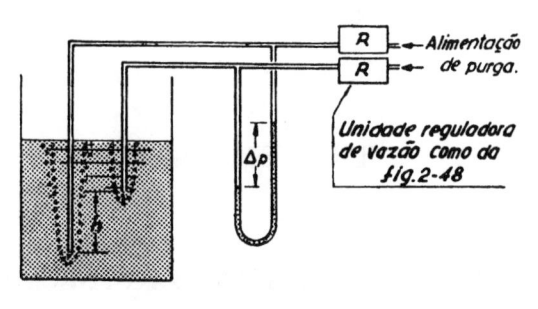

fig. 2-84.

Quando se tem um sistema onde o nível do reservatório varia, pode-se empregar um método como o que se vê na Fig. 2-84.

Existe a seguinte relação nesse sistema:

$$\triangle P = h \times \rho$$

$$\rho = \frac{\triangle P}{h}$$

onde

$\triangle P$ = Pressão diferencial no manômetro, em g/cm²

h = Altura entre dois tubos, em cm

ρ = Peso específico do líquido, em g/cm³

Como a diferença de altura h nesse caso é constante, a densidade é proporcional ao diferencial $\triangle P$.

Deve ser mantida vazão constante nas purgas de gás, por meio de uma unidade reguladora de vazão R, como a ilustrada na Fig. 2-48.

CAPÍTULO III

TRANSMISSORES

PRINCÍPIO DA TRANSMISSÃO PNEUMÁTICA

Uma tomada de impulso pode estar ligada diretamente a um regulador, mas é bem freqüente encontrar um transmissor entre a tomada de impulso e o regulador. O transmissor não é um elemento indispensável numa regulação, apesar de constituir muitas vezes uma grande melhoria e até uma necessidade.

Com todas as variáveis de regulação conhecidas cabe geralmente o uso de um transmissor. O transmissor pneumático, recebendo um sinal que pode ser um movimento ou uma força da tomada de impulso, transforma essa variável num impulso (sinal) pneumático, que envia ao receptor.

Os transmissores baseiam-se em dois princípios básicos:

1.º) na força exercida pelo elemento de medição;

2.º) no movimento de um elemento de medição.

Baseados nesses dois princípios, os aparelhos de transmissão passam a ser de:

1.º) equilíbrio de forças;

2.º) equilíbrio de movimento (ou equilíbrio de posição).

Exemplificamos dados comparativos dos dois tipos na Tab. 3-1.

TABELA 3-1		
Exemplo.	Equilíbrio de forças. d/p-cell 13 A (Foxboro)	Equilíbrio de movimentos. M 44 (Foxboro)
Movimento do elemento.	± 0,09 mm.	± 6 mm
Faixa ajustável.	1 : 10 (Ex: 20 a 200 "H₂0) Sem substituição do elemento.	Normalmente não ajustável.
Precisão.	0,5 % da faixa ajustada (Ex: 0,1 psi no caso de 8%/₁₀₀ psi)	0,5% da faixa total. (Ex: 0,5 psi no caso de 8%/₁₀₀ psi)
Vantagem.	Fácil de mudar calibração.	Fácil de colocar indicação.
Aplicação	Para sistema de contrôle geral. Para medida muito sensível.	Em princípio, para indicação ou registração só.

PRINCÍPIO DE FUNCIONAMENTO

Na Fig. 3-1, temos uma pequena tubulação que recebe uma alimentação de ar comprimido a 20 p.s.i.

Essa pequena tubulação termina num *bocal B* e tem uma restrição *C*, cujo orifício tem diâmetro menor que o de *B* (normalmente a metade).

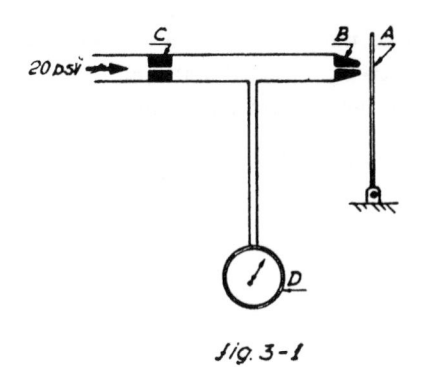

fig. 3-1

Se fecharmos o bocal por meio de uma *palheta A,* que serve de anteparo ao ar comprimido, o manômetro *D* vai marcar a mesma pressão que a da alimentação, isto é, 20 p.s.i., pois, por muito fina que seja a restrição *C*, depois de certo tempo a pressão antes e depois dessa restrição será igual.

Se se abrir o bocal, afastando o anteparo *A*, haverá uma queda de pressão no manômetro *D*, mesmo com uma alimentação constante de 20 p.s.i. Essa queda de pressão se deve ao fato de o ar comprimido escapar pelo orifício do bocal.

Para verificar a característica amplificadora desse mecanismo, pode-se efetuar um cálculo simples.

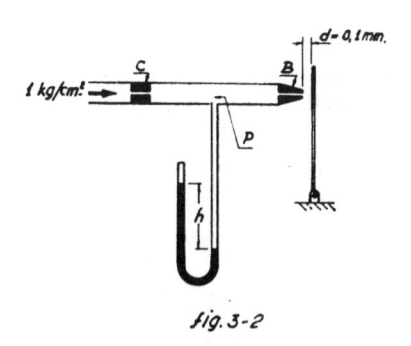

fig. 3-2

Suponha-se um manômetro em U colocado entre o bocal *B* e o orifício de alimentação *C* — como mostra a Fig. 3-2 — e uma pressão de alimentação de ar de 1 kg/cm², o que corresponde a 10 m ou 10 000 mm de água.

Se o anteparo fechar completamente o bocal, o manômetro indicará a pressão de alimentação, isto é, 10 000 mm.

Suponha-se agora que um afastamento de 0,1 mm do anteparo do bocal já é suficiente para deixar escapar o ar e que a pressão h do manômetro cai a zero. Isso significa que uma variação de 0,1 mm da palheta é ampliada a uma variação da coluna da água de 10 000 mm.

Portanto, o fator de amplificação ou ganho desse sistema é:

$$\frac{\text{Sinal de saída}}{\text{Sinal de entrada}} = \frac{10\ 000}{0,1} = 100\ 000 \qquad \left(\frac{\text{mm H}_2\text{O}}{\text{mm deslocamento}}\right)$$

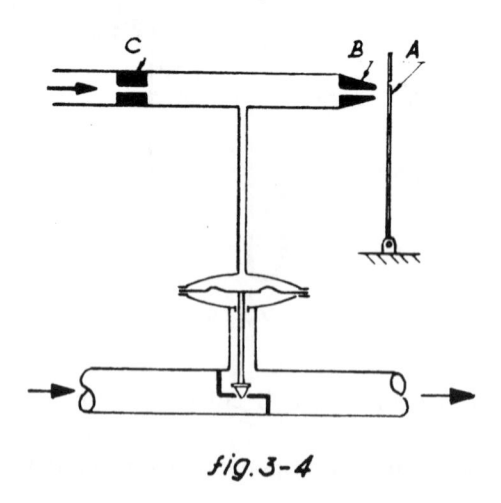

fig. 3-3

Por essa razão o dispositivo acima descrito é chamado *amplificador pneumático*. Na realidade, a relação entre a distância da palheta e a pressão do bocal varia conforme os diâmetros do bocal e do orifício de alimentação e o volume da câmara entre essas restrições.

fig. 3-4

A Fig. 3-3 mostra apenas um exemplo dessa relação.

Citamos um outro exemplo de cálculo simples: suponha-se que o anteparo A fecha completamente o orifício do bocal cuja área é de 1 mm². Admitindo que a pressão da linha do ar comprimido seja de 1 kg/cm², então a força que mantém fechado o anteparo A é de

$$(\text{pressão}) \times (\text{área do orifício do bocal}) = 10 \text{ g}$$

Por outro lado, se o manômetro em U for substituído por uma válvula pneumática, ilustrada esquematicamente na Fig. 3-4, cujo diafragma tenha uma área efetiva de 314 cm² (ou seja, tenha uma circunferência de 20 cm de diâmetro), então a força exercida pela pressão de 1 kg/cm² sobre o diafragma será

$$(\text{pressão}) \times (\text{área do diafragma}) = 314 \text{ kg}$$

Vê-se então que uma força de apenas 10 g no anteparo causou uma força de 314 kg na válvula.

Logo, há uma amplificação de

$$\frac{314\,000 \text{ g}}{10 \text{ g}} = 31\,400 \text{ vezes}$$

nesse caso.

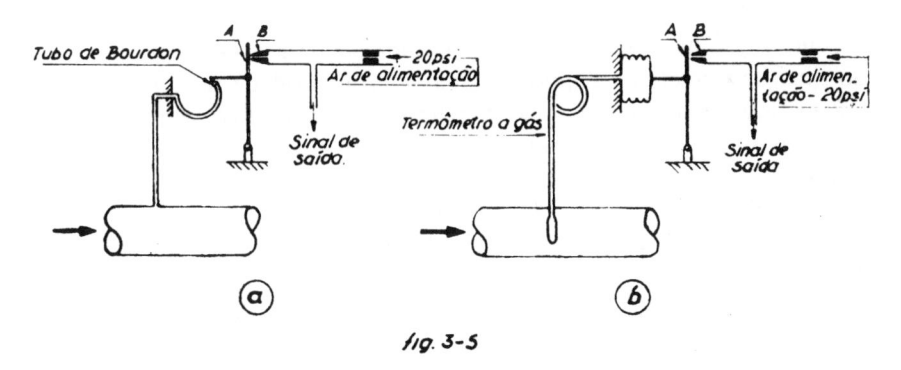

fig. 3-5

Nota-se, entretanto, a falta de um dispositivo que acione a palheta A. Esse dispositivo é sempre um dos vários aparelhos já estudados na tomada de impulsos (tubo de Bourdon, termômetro, fole, etc.), pois, qualquer que seja, provoca um movimento ou uma força, necessária para acionar a palheta A.

Tem-se na Fig. 3-5 palhetas acionadas por um tubo de Bourdon e por um termômetro respectivamente, isto é, por tomada de pressão e de temperatura. Conforme se vê, um pequeno movimento em A é suficiente para abrir ou fechar o orifício do bocal B, pois o intervalo entre a palheta e o bocal é pequeníssimo (da ordem de décimos de mm).

Essa ação total do dispositivo é caracteristicamente *on-off,* ou seja, *tudo ou nada,* pois sem introduzir modificações nesse dispositivo ele conseguirá transmitir apenas dois sinais pneumáticos:

0 p.s.i., quando a palheta abre totalmente o orifício e 20 p.s.i., quando a palheta fecha completamente.

O transmissor pneumático, porém, deve ser um dispositivo que envie ao regulador um sinal pneumático proporcional à medida efetuada na tomada de impulso e, por isso, torna-se necessário introduzir um novo fole chamado fole proporcionador, que envia o fechamento ou abertura total do bocal ao menor movimento da palheta.

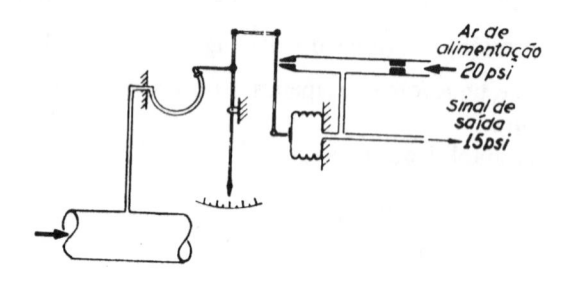

fig. 3-6

Como se vê na Fig. 3-6, o fole proporcionador age em sentido contrário ao do sinal da tomada de impulso, porém com intensidade menor que a desta.

Pelo fato de haver uma reação interna do dispositivo, em sentido contrário ao da ação externa, chama-se de *realimentação negativa* ou *negative feedback.*

Com a introdução desse fole convenientemente dimensionado consegue-se explorar a faixa intermediária de 3 a 15 p.s.i., a qual é universalmente empregada.

Essa padronização é uma das grandes vantagens da transmissão pneumática.

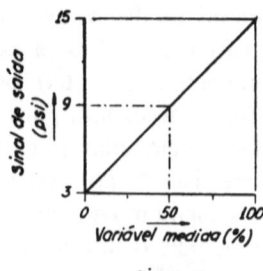

fig. 3-7

Como será explicado no capítulo dos "Reguladores", o transmissor pneumático corresponde a um regulador proporcional com uma faixa proporcional fixa de 100 % e o *set point* colocado no meio da escala.

A relação entre a variável medida e o sinal pneumático de saída de um transmissor é como na Fig. 3-7.

SECÇÃO (2)

COMPONENTES PNEUMÁTICOS NA TRANSMISSÃO

Existe uma relação análoga entre sistemas elétricos e pneumáticos, como mostra a Tab. 3-2.

Portanto, para analisar circuitos pneumáticos pode-se empregar métodos semelhantes aos da eletricidade.

O sistema de transmissão pneumática na Fig. 3-8 (*a*) é equivalente ao circuito elétrico desenhado na Fig. 3-8 (*b*).

TABELA 3-2	
ELÉTRICO	PNEUMÁTICO
Voltagem	Pressão
Corrente	Vazão
Capacitor	Capacitância (câmara)
Resistor	Resistência (restrição)
Carga	Volume do ar
Indutância	Inercia (massa do ar)

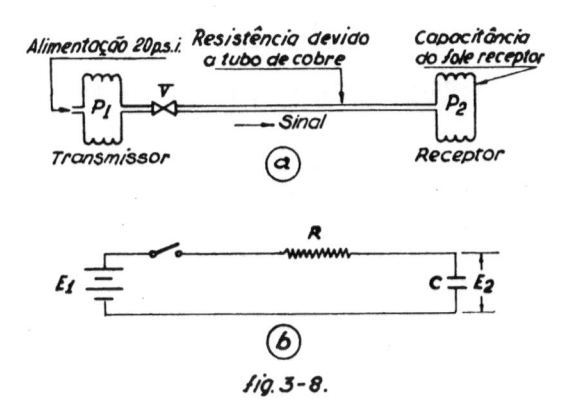

fig. 3-8.

Se abrirmos a válvula manual de isolação (V) colocada na saída do transmissor. a pressão no fole do receptor aumentará gradualmente de zero até atingir pressão igual à do transmissor, isto é, $P_1 = P_2$.

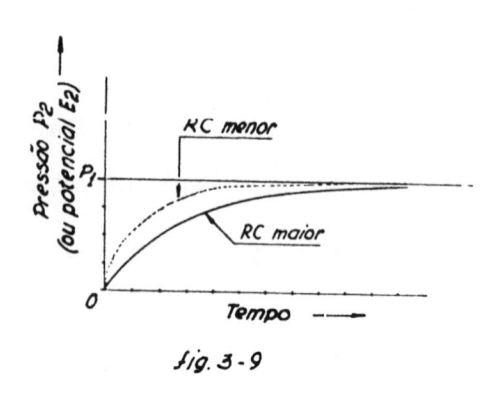

fig. 3-9

Esse comportamento é idêntico ao fenômeno transitório do carregamento dum capacitor elétrico, cujo potencial aumentará com uma velocidade de acordo com os valores de R e C, como ilustrado na Fig. 3-9.

Dessa curva pode-se concluir que: quanto maiores forem o valor da restrição e do volume do sistema, tanto maior será o tempo necessário para atingir o valor final do sinal transmitido. Tomando-se para exemplo uma linha de transmissão de cobre, cujo diâmetro é de 1/4″ e o comprimento é de 100 m, para se atingir 63,2% do valor final levar-se-ão 0,6 segundos, enquanto que para atingir 63,2% do restante para o valor final levar-se-ão outros 0,6 segundos... Afinal, para atingir 99,3% do valor final leva-se cerca de 3 segundos.

RESISTÊNCIAS PNEUMÁTICAS

Existem vários tipos de resistências no circuito pneumático: capilar, tubo de Bourdon, cone e válvula de agulha. Nas figuras a seguir ilustram-se essas resistências pneumáticas:

(a) CAPILAR

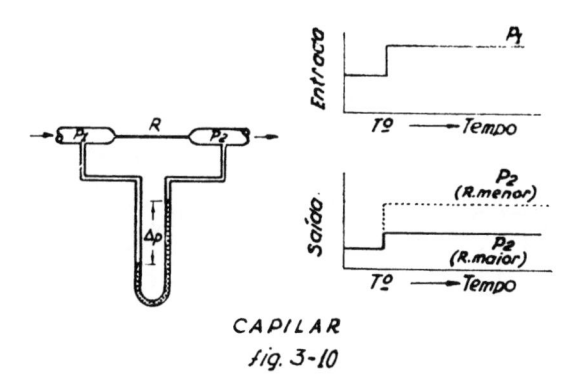

CAPILAR
fig. 3-10

No capilar a vazão é proporcional à área transversal do capilar e inversamente proporcional ao comprimento do mesmo.

(b) TUBO DE BOURDON

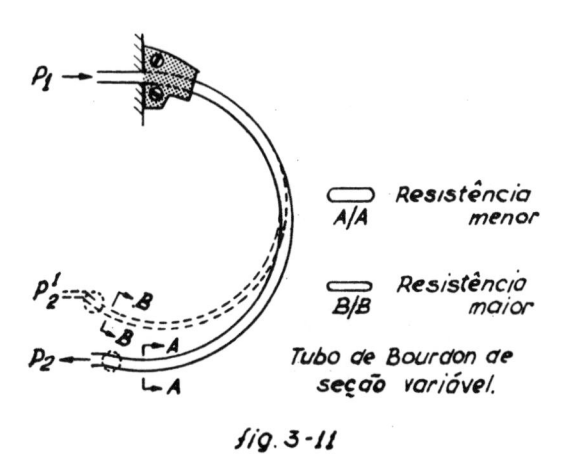

Tubo de Bourdon de seção variável.

fig. 3-11

Esse tipo é muito empregado nas unidades reguladoras dos reguladores e nos receptores, como amortecedor.

Quando bem executado, pode-se ajustar as vazões com a razão de 500 : 1.

(c) CONE

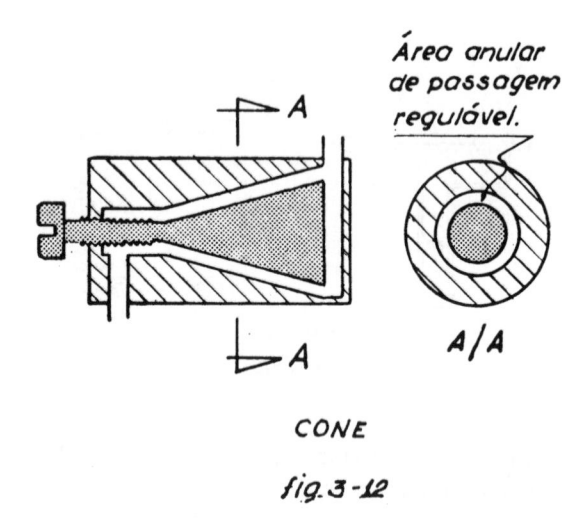

CONE

fig. 3 -12

No cone especial pode-se obter um fluxo laminar sem turbulência com a razão de variação de 500 : 1.

Também é empregado nos reguladores.

(d) VÁLVULA DE AGULHA

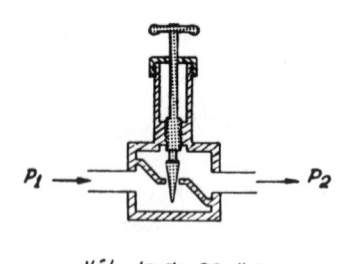

Válvula de agulha.

fig. 3 -13

A dificuldade da válvula de agulha está na calibração da passagem do fluxo e no acúmulo de sujeira.

AMORTECEDORES DE OSCILAÇÃO

Como descrevemos no capítulo sobre pressão, emprega-se o amortecedor de pressão quando o sinal transmitido é muito oscilante. Esse dispositivo é uma simples restrição, como ilustramos acima, ou restrição combinada com capacitância, como a da Fig. 3-14.

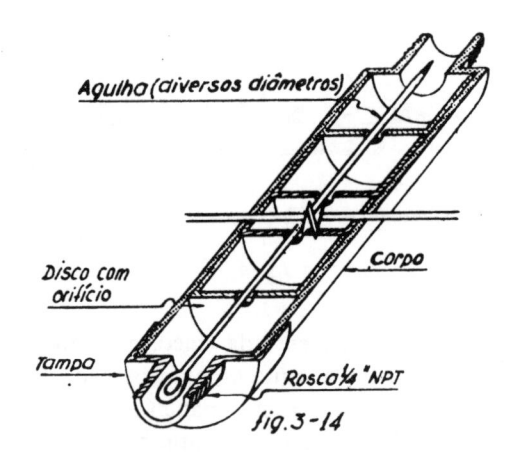

fig. 3-14

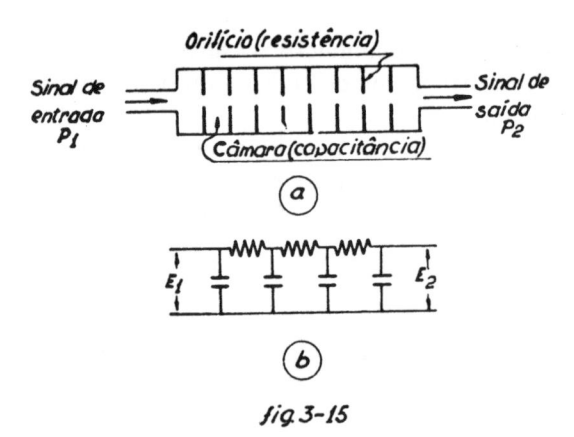

fig. 3-15

Tal dispositivo pode ser comparado com um circuito elétrico equivalente, como o da Fig. 3-15 (b).

Qualquer que seja, porém, o sistema de regulação é desejável que esse amortecimento seja o mínimo possível, para não trazer atraso na resposta.

"BOOSTER"

Quando a distância entre o transmissor e o receptor é muito grande ou se requer uma resposta rápida no receptor, emprega-se um dispositivo chamado *booster* ou amplificador de sinal, como se representa na Fig. 3-16.

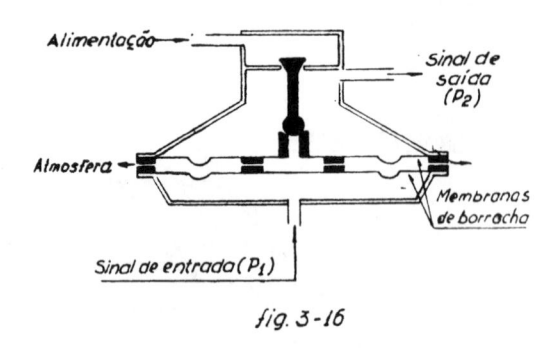

fig. 3-16

O *booster* recebe um sinal de entrada fraco, mas transforma-o num sinal de saída ampliado, com uma nova fonte de alimentação.

Esse dispositivo funciona da seguinte maneira: correspondendo a um aumento de pressão do sinal de entrada, a membrana fecha o escape para a atmosfera, pela válvula esférica do ar da alimentação, o que faz aumentar o sinal de saída.

Correspondendo a uma diminuição do sinal de entrada, a válvula esférica abre-se, deixando escapar maior quantidade do ar de alimentação, o que faz o sinal de saída diminuir.

Dependendo de detalhes da construção, pode-se confeccionar vários tipos de amplificadores com a relação de pressão variada entre o sinal de entrada e o de saída, como, por exemplo: $P_1 : P_2 = 1 : 1$ ou $1 : 3$ ou $2 : 1$.

SECÇÃO (3)

EXEMPLOS DE TRANSMISSORES PNEUMÁTICOS

(A) d/p CELL

(*differencial pressure cell* ou transmissor de pressão diferencial)

Como todos os transmissores, o d/p Cell recebe um suprimento de ar comprimido de 20 p.s.i. e deixa sair um sinal pneumático de 3 a 15 p.s.i. para o receptor. Esse tipo de transmissor é colocado sobre a tubulação, por exemplo, onde passa o fluido que se quer medir e recebe dois impulsos desse fluido,

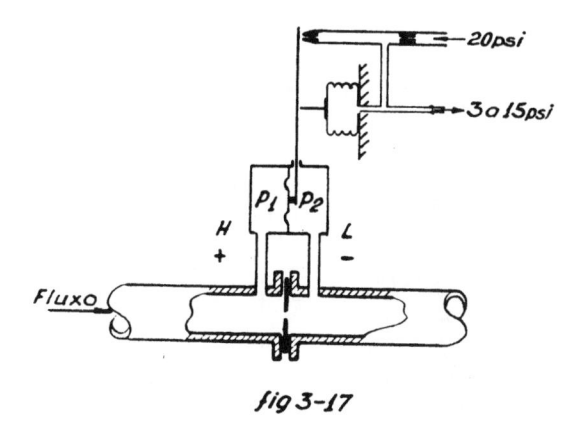

fig 3-17

sendo um de cada lado da tomada de impulso de vazão (orifício, tubo de Venturi, etc.), como mostra a Fig. 3-17.

A perda de carga causada pelo orifício vai provocar uma diferença de pressão entre os tubos H e L, o que deslocará a membrana do d/p Cell. A membrana, deslocando-se, vai movimentar a palheta A, e assim o transmissor enviará um sinal pneumático de 3 a 15 p.s.i. ao regulador.

No d/p Cell, separadas pela membrana, temos duas câmaras, sendo uma de alta pressão (H) e outra de baixa pressão (L). No exemplo da Fig. 3-17, a primeira recebe a pressão a montante do orifício e a segunda a pressão a jusante do orifício.

Pelo visto, a função do d/p Cell é transmitir uma pressão diferencial e, assim sendo, um nível (como na Fig. 3-18) ou uma densidade.

Na realidade a construção do d/p Cell é mais complicada, como mostra a Fig. 3-19. O relê, constante da figura, será estudado posteriormente no capítulo dos "Reguladores".

Analisando esquematicamente o mecanismo desse instrumento, pode-se

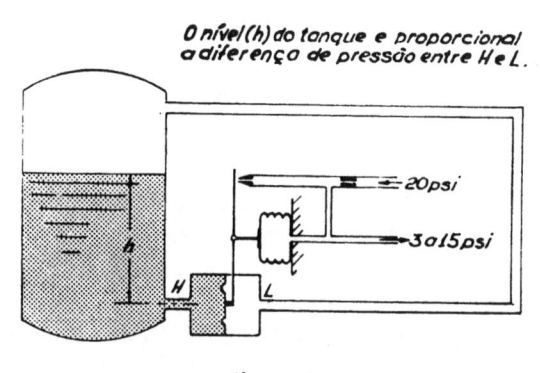

fig. 3-18

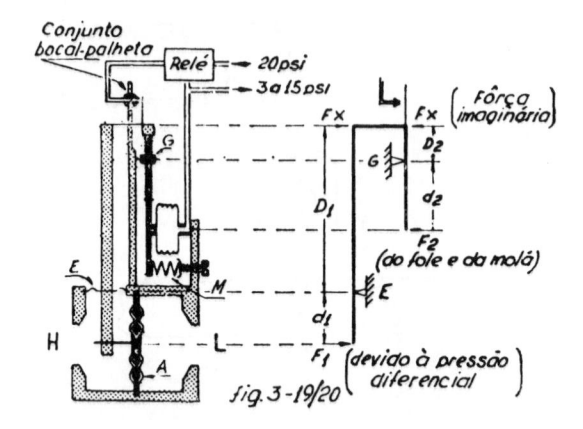

fig. 3-19/20

representá-lo como um sistema de duas alavancas e forças, como na Fig. 3-20. Têm-se dois pontos de apoio, E e G, como na figura.

A peça E é a membrana flexível de um metal especial, cuja pressão de prova é de 1500 p.s.i., que serve de vedação do fluido do processo.

A peça G é a porca de ajuste da faixa e a mola M é o ajuste de zero ou do ponto inicial da faixa de calibração.

Na Fig. 3-20 existirá a seguinte relação no equilíbrio de forças:

na alavanca à esquerda:

$$F_x \, D_1 = F_1 \, d_1 \text{ ou } F_x = \frac{F_1 \, d_1}{D_1}$$

na alavanca à direita:

$$F_x \, D_2 = F_2 \, d_2 \text{ ou } F_x = \frac{F_2 \, d_2}{D_2}$$

logo,

$$\frac{F_1 \, d_1}{D_1} = \frac{F_2 \, d_2}{D_2}$$

onde $d_1/D_1 = $ constante.

F_2 varia correspondendo a pressão de saída de 3 a 15 p.s.i.

Conseqüentemente, para uma faixa de medição da pressão diferencial cuja força máxima é de F_1 existe um único ajuste de d_2/D_2, por meio do qual o sistema encontra equilíbrio com a pressão de 15 p.s.i. no fole.

Desde que a força F_2 correspondente a 100% da variável medida é constante, para aumentar a faixa de medição (ou F_1) deve-se aumentar a razão d_2/D_2, movendo a porca de ajuste de faixa (G) para cima.

A grande vantagem do d/p Cell é poder-se, de acordo com as necessidades do trabalho, regular seu funcionamento dentro de uma faixa muito larga (0 a 250" H_2O, por exemplo), isto é, mediante ajuste conveniente, o d/p Cell pode trabalhar em qualquer faixa de 0 a 250" H_2O. A mesma condição já não se verifica com o tubo de Bourdon, cuja faixa de trabalho é fixa e imutável.

Uma das outras vantagens do d/p Cell é que, devido ao equilíbrio de forças, praticamente não há movimento na cápsula *A*, ou seja, no elemento sensível e, portanto, ele não necessita de potes de selagem quando utilizado com fluidos condensáveis, pois o volume deslocado pelo movimento da cápsula é quase nulo.

(B) **TRANSMISSOR DE PRESSÃO DIFERENCIAL** (Tipo T-27, FOX-BORO)

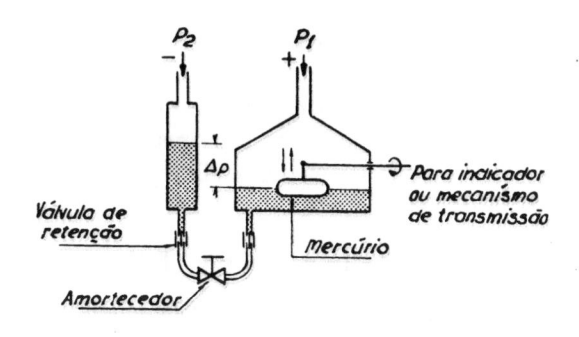

fig. 3-21

Esse instrumento é uma simples modificação do manômetro em U. Consiste de duas câmaras e de um tubo em forma de U interligando-as.

No meio do tubo em U existe uma restrição ajustável que regula a passagem do mercúrio, isto é, o amortecimento da oscilação no indicador.

A bóia dentro da câmara do lado de alta pressão flutua no mercúrio, obedecendo ao movimento do mesmo.

O movimento da bóia é transmitido — através de um mecanismo especial, como o da Fig. 3-22, e de um eixo com retentor para alta pressão (5 000 p.s.i.) — ao ponteiro e ao conjunto bocal-palheta.

O curso do movimento da bóia depende da faixa e do tipo das câmaras.

O mecanismo da Fig. 3-22 transforma o movimento linear da bóia em movimento rotativo do eixo.

Suponha-se um movimento ascendente da bóia. Enquanto as duas correntes laterais puxam o setor para cima, fazendo seu eixo virar em sentido inverso ao dos ponteiros do relógio, a corrente do centro é enrolada no setor, mantendo uma distância horizontal constante (*d*) entre o centro do eixo ro-

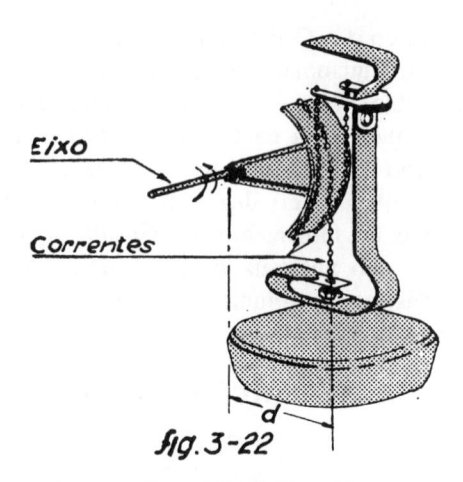

fig. 3-22

tativo e o eixo do movimento linear da bóia. Por esse modo obtém-se uma indicação proporcional ao movimento vertical da bóia.

O movimento rotativo do eixo pode acionar um mecanismo de transmissão idêntico ao sistema que será explicado no transmissor M45.

Quando se tiver de mudar a faixa de medida do instrumento, deve-se trocar a câmara do lado de baixa pressão.

(C) **TRANSMISSOR DE TEMPERATURA** (Tipo 12A, FOXBORO)

Esse instrumento é um transmissor cego (sem indicação) do tipo equilíbrio de forças, que emite sinais de 3 a 15 p.s.i., proporcionais à temperatura medida. O elemento de medição é um termômetro a gás com bulbo, capilar e fole.

Referindo-se à Fig. 3-23, o funcionamento do sistema é o seguinte: dado um aumento da temperatura medida, a pressão no fole do termômetro a gás C aumenta e age sobre a alavanca A, à esquerda, apoiada no fúlcro F; a ex-

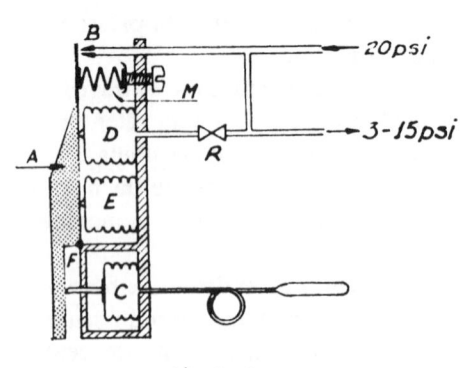

fig. 3-23

tremidade da alavanca *A* age como a palheta de todo o sistema de bocal-pa-lheta, isto é, fecha o bocal *B*, aumentando a pressão no bocal e ao mesmo tempo o sinal de saída; o sinal de saída está ligado ao fole de realimentação *D*, através de uma restrição *R*; portanto, o aumento desse sinal provoca aumento de pressão no fole *D*, o que cria um momento de força oposto ao momento produzido pelo fole do termômetro *C*; conseqüentemente, a alavanca *A* estabiliza-se em novo ponto de equilíbrio.

Esse aumento de pressão é proporcional ao aumento de temperatura. Existem, ainda, duas forças que atuam sobre a alavanca. Uma é a da mola *M*, que determina o momento inicial da alavanca, isto é, o ajuste zero do sinal de saída. Outra é a exercida pelo fole compensador *E*, da temperatura ambiente e da pressão barométrica.

Na realidade existe um relê-piloto entre o bocal *B* e o fole *D*, cuja função é aumentar a velocidade de resposta do sinal.

Uma grande vantagem desse tipo é, como no caso do d/p Cell, sua flexibilidade de calibração. Por exemplo: um instrumento desse tipo pode ser calibrado para uma faixa de 50ºC em qualquer região dentro de dois valores extremos de temperatura — digamos, entre −85ºC e +550ºC.

(D) TRANSMISSOR DE PRESSÃO (M * 54, FOXBORO)

O mecanismo desse transmissor é idêntico ao empregado nos receptores M40. O sistema de transmissão utilizando dois mecanismos iguais, um no transmissor e outro no receptor, é chamado M-42.

O funcionamento deste é o seguinte:

Ar de alimentação supre, através de uma restrição *R*, o conjunto bocal-palheta. Qualquer variação na medida causa um movimento do ponteiro e do conjunto bocal-palheta através de uma série de alavancas e braços. O con-

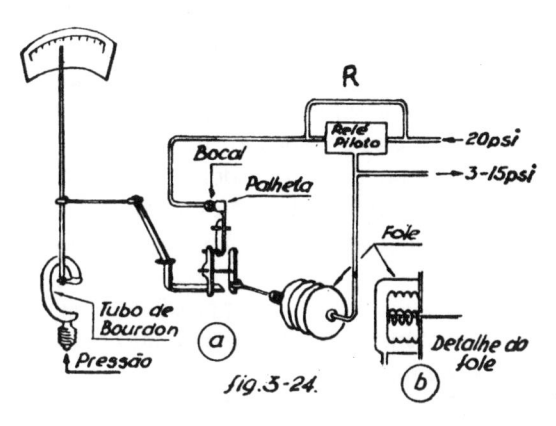

fig. 3-24.

---

* M = modelo

junto bocal-palheta cria uma pressão proporcional à medida. Essa pressão, amplificada pelo relê, é transmitida ao receptor e ao fole de realimentação. O fole restabelece o equilíbrio entre a medida e o sinal de saída, pois para um valor de medida há uma única posição do conjunto bocal-palheta que emite a pressão de saída correspondente.

(E)   TRANSMISSOR DE NÍVEL (Série 12 000, MASON-NEILAN)

O mecanismo dè transmissão e indicação desse transmissor é acionado pelo tubo de torção já explicado na secção "Medição de nível"

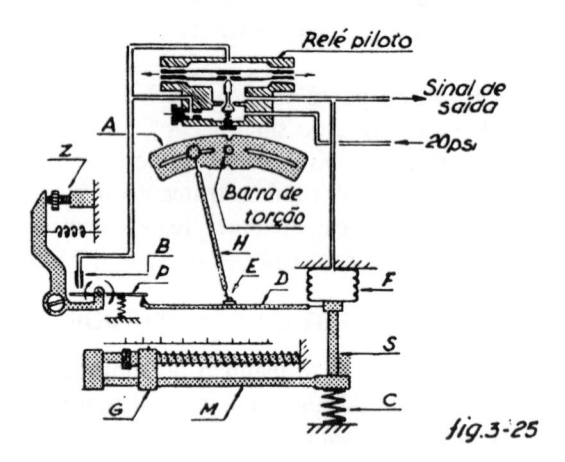

fig. 3-25

Funcionamento:

Referindo-se à Fig. 3-25, suponha-se que o aumento do nível força a barra de torção em sentido inverso ao dos ponteiros do relógio.

Esse movimento é transmitido por um arco *A*, fixado na barra de torção, para a haste *H* que pressiona o braço *D* para baixo. A palheta *P*, que está apoiada no braço *D*, gira no mesmo sentido dos ponteiros do relógio, fechando o bocal *B*. O aumento de pressão no bocal *B* é ampliado pelo relê e transmitido para o receptor. Ao mesmo tempo esse aumento de pressão distende o fole de realimentação *F* que está colocado contra uma mola *C*. A distensão do fole força o braço *D* a girar no sentido dos ponteiros do relógio, em torno do pivô flutuante *E*. Isto é, a extremidade à esquerda do braço *D* sobe, fazendo girar a palheta *P* em sentido contrário ao dos ponteiros do relógio, descobrindo o bocal *B*.

Assim, o sistema encontra uma nova posição de equilíbrio. Para uma posição do arco existe uma única posição do conjunto bocal-palheta e do fole, em que o sistema fica em equilíbrio.

O parafuso micrométrico *Z* ajusta a posição inicial do sinal de saída, isto é, o ajuste de zero.

A posição do grande G determina a faixa do sinal, isto é, o ajuste da multiplicação. Se encostarmos o grampo G à direita, o ponto S praticamente fica fixo, e não haverá, portanto, o efeito da mola tubular M. Nessas condições o fole não poderá distender-se nem contrair-se, pelo que com um mínimo de movimento da barra de torção o sinal de saída variará de zero à pressão de alimentação (20 p.s.i.), isto é, ação *tudo-ou-nada*.

(F) TRANSMISSOR DE DENSIDADE

Pode-se empregar o d/p Cell ou qualquer outro medidor de pressão diferencial em um sistema de medida de densidade já explicado na secção "Medição de densidade".

Ilustramos apenas um exemplo na Fig. 3-26.

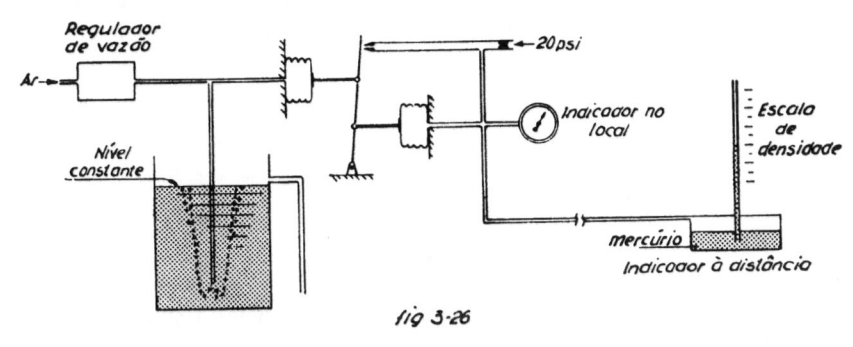

fig 3-26

SECÇÃO (4)

AS VANTAGENS DOS TRANSMISSORES PNEUMÁTICOS

São duas as principais vantagens que o transmissor pneumático oferece nos sistemas de controle automático:

1.º) Usando-se um transmissor pneumático entre a tomada de impulso e o controlador (que geralmente se encontra na sala de controle) evita-se que haja no controlador (logo, na sala de controle) o líquido ou gás cuja variável se quer medir.

Muitas vezes esses fluidos são explosivos e o centelhamento dos contatos elétricos, porventura existentes na sala de controle, pode causar graves explosões.

Usando o transmissor pneumático, ter-se-á apenas ar comprimido nos aparelhos da sala.

2.º) Usando-se transmissores pneumáticos, sempre, qualquer que seja a variável a regular (pressão, vazão, temperatura, etc.), obter-se-á um sinal pneumático, de 3 a 15 p.s.i., correspondente à medida da variável em questão, que vai permitir a padronização dos controladores pneumáticos no controle das mais diversas variáveis.

CAPÍTULO IV

REGULADORES

Os reguladores são os cérebros dos sistemas de regulação. A eles chegam as informações das medidas efetuadas pelas tomadas de impulso. Eles comparam essas medidas com um valor desejado, ajustável externamente, e em seguida enviam um sinal para o elemento de controle, em geral uma válvula pneumática, o qual irá agir no sentido de anular a discrepância entre a medida efetuada pela tomada de impulso e a medida de padrão *set point* imposta ao regulador.

Existem três categorias de reguladores:

Reguladores elétricos
Reguladores hidráulicos
Reguladores pneumáticos

Estudar-se-ão, mais profundamente, apenas aqueles reguladores que se têm caracterizado pela sua grande aplicação industrial.

SECÇÃO (1)

REGULADORES ELÉTRICOS

Nessa categoria de reguladores, destacam-se como os mais interessantes para esse estudo os do tipo *tudo ou nada,* o que não quer dizer que não existam outros tipos mais aperfeiçoados e complexos.

(A) REGULADORES "TUDO OU NADA" DO TIPO DIRETO

(Exemplo 1) Termostatos bimetálicos

Citando um exemplo de regulação de temperatura de uma estufa, como na Fig. 4-1, para haver corrente elétrica na resistência de aquecimento é necessário que a chapa bimetálica esteja reta, mantendo o contato fechado.

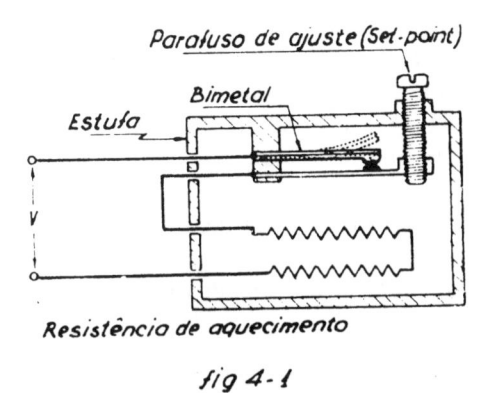

fig 4-1

Nessas condições a temperatura dentro da estufa começa a se elevar. Com o aumento da temperatura a chapa bimetálica principia a se encurvar, pelas razões já explicadas no capítulo "Tomadas de impulso", até abrir o contato, desligando a corrente de aquecimento. Com isso a temperatura começa a cair e a chapa bimetálica tende a voltar à sua posição normal, ligando novamente a resistência. Assim recomeça o mesmo ciclo.

O parafuso de ajuste determina uma posição do funcionamento da chapa bimetálica, que é uma função da temperatura. Esse parafuso, que serve para determinar a temperatura que se deseja regular, é o *set point*.

Nesse exemplo pode haver centelhamento na ocasião de ligar e desligar, o que logo danificará o contato, por superaquecimento.

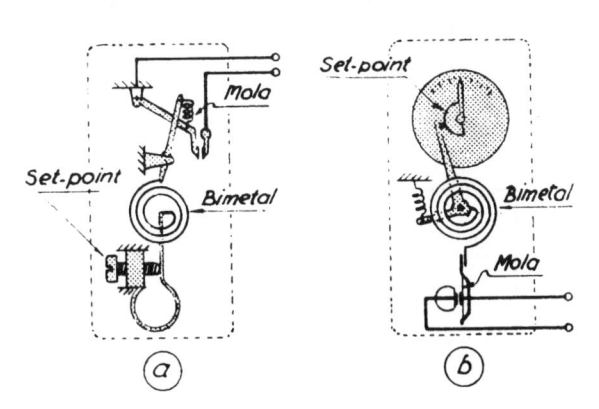

fig. 4-2

Por essa razão, coloca-se uma mola para acionar mais rapidamente o contato e evitar o centelhamento, como ilustrado na Fig. 4-2.

Outro termostato interessante é o do tipo de cartucho.

Consiste de um cartucho feito de um material cujo coeficiente de dilatação térmica seja bastante grande — por exemplo, de latão.

Como se vê na Fig. 4-3, no fundo desse cartucho é soldada uma haste de um material cujo coeficiente de dilatação é praticamente zero — como, por exemplo, INVAR.

Aumentando a temperatura, o cartucho se dilata axialmente. Porém, como não muda o comprimento da haste, a qual está rigidamente fixada no fundo do cartucho, os contatos são forçados no sentido de abrir.

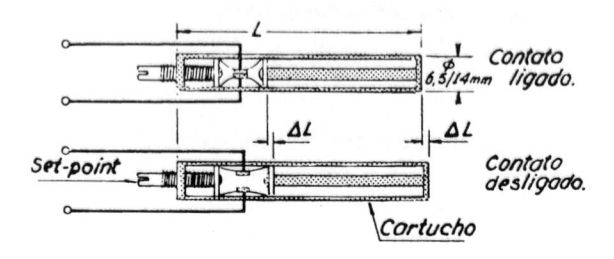

fig. 4-3

Em geral os termostatos bimetálicos são empregados onde não se exige precisão. Usando-se uma regulação desse tipo, é claro que a temperatura não fica num valor certo, mas oscila em torno do valor desejado.

São muito utilizados para a segurança contra o superaquecimento de motores elétricos ou de aquecedores.

(Exemplo 2)　**Termostato com bulbo**

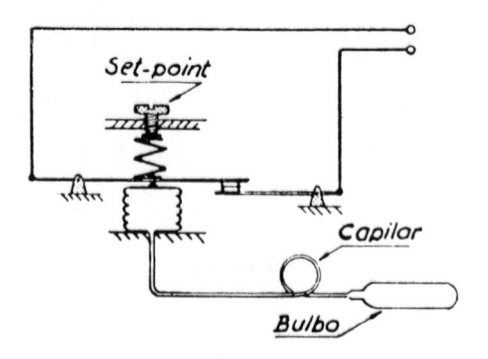

fig. 4-4

Termostato muito empregado na regulação de temperatura, especialmente na refrigeração, funciona pelo mesmo princípio de termômetro a pressão ou a volume descrito no capítulo "Tomada de impulso".

A Fig. 4-4 mostra um exemplo, cujo funcionamento dispensa explicação. Esse tipo tem a vantagem de que o bulbo pode ser colocado a distância, mas apresenta a desvantagem de que o capilar é sujeito a dano, inutilizando o sistema.

(Exemplo 3) **Termostato a contato de mercúrio**

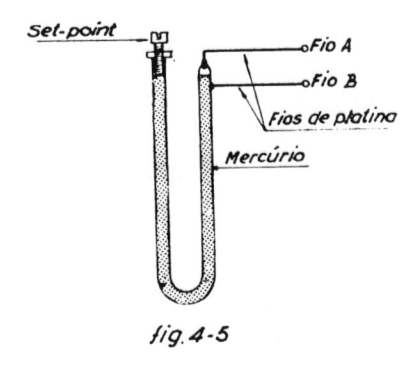

fig. 4-5

Outro modo interessante de regulação de temperatura é o uso de um tubo de mercúrio, aproveitando a sua propriedade de dilatação com o calor e a sua condutibilidade elétrica.

Vê-se na Fig. 4-5 que, o aumento da temperatura, o mercúrio se dilata e a coluna aumenta até estabelecer-se o contato entre o fio A e o fio B.

Está claro que não se pode ligar diretamente esse dispositivo à resistência de aquecimento, porque se deseja que a corrente de aquecimento seja desligada quando há aumento da temperatura e não vice-versa.

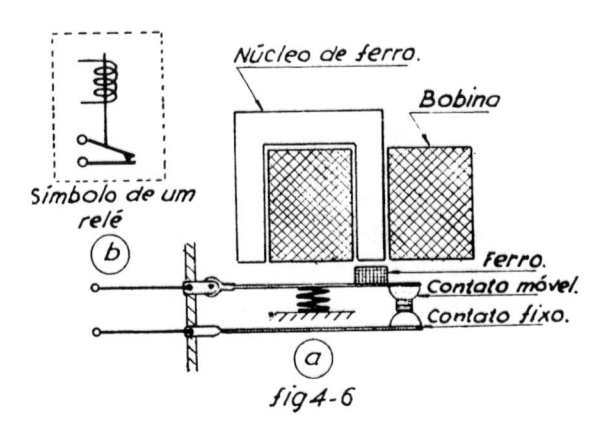

fig 4-6

Para vencer essa dificuldade, recorre-se a um dispositivo chamado *relê eletromagnético,* que consiste de uma bobina com núcleo de ferro e de um par de contatos, sendo um fixo e outro móvel, este dotado de pequena peça de ferro, em correspondência com o núcleo da bobina, como se vê na Fig. 4-6.

Quando passa corrente pela bobina, esta exerce atração sobre o ferro do contato móvel, puxando-o para cima e desligando, assim, os contatos.

A função desse relê é inverter a ação do regulador.

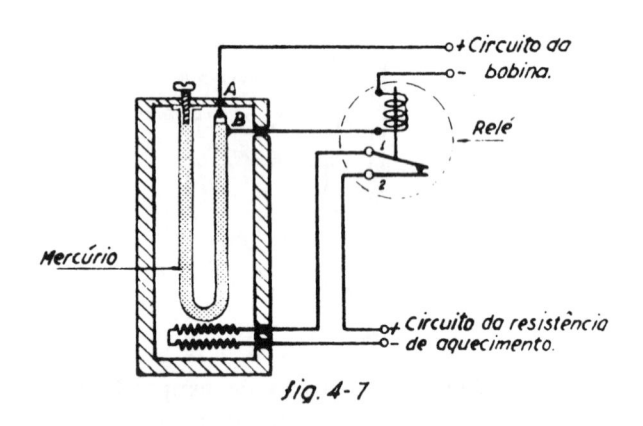

fig. 4-7

O sistema completo da regulação de temperatura da estufa utilizando o relê seria, então, como ilustrado na Fig. 4-7.

Funcionamento: inicialmente a temperatura está abaixo do valor desejado e não passa corrente pela bobina, pois o nível de mercúrio está baixo. Não havendo corrente na bobina, os contatos 1 e 2 estão ligados e passa corrente pela resistência de aquecimento. A temperatura começa a se elevar e, devido a isso, há expansão do mercúrio, que sobe até certo ponto, onde se faz o contato entre o fio *B* (inferior) e o fio *A* (superior). Esse contato estabelece uma corrente no circuito da bobina do relê. Tal corrente imanta a bobina, a qual puxa a barra do contato 1 para cima, interrompendo o circuito da resistência de aquecimento. A temperatura da estufa cai, o nível de mercúrio desce, desligando a corrente da bobina, o que restabelecerá o contato 1 e 2. Assim, o ciclo começa novamente.

Nesse caso, a tomada de impulso é o tubo de mercúrio, o *set point* é o parafuso do tubo de mercúrio (regula a altura do nível de mercúrio), e o regulador seria o relê.

Esse tipo de termostato vem sendo utilizado desde há muito tempo na regulação de temperatura do banho termostático nos laboratórios.

Um tipo mais aperfeiçoado, como o da Fig. 4-8, aproveita uma combinação de tolueno e mercúrio. Como o coeficiente de expansão do tolueno é o dobro daquele do mercúrio, pode-se obter maior precisão. Existe um caso onde se regula a temperatura com a precisão de 0,001°C.

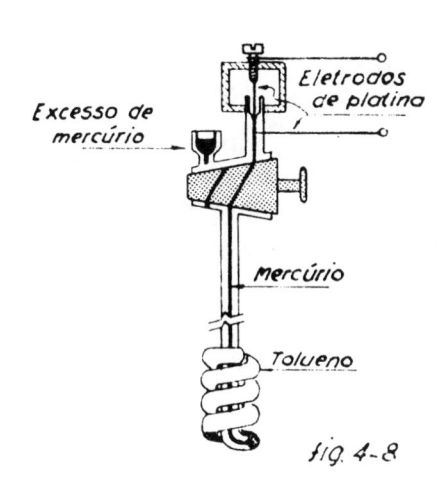

fig. 4-8

São desvantagens desse tipo de termostato a oxidação do mercúrio e o eventual mau contato causado pelo centelhamento entre os elétrodos de platina e o mercúrio.

Para evitar isso pode-se introduzir o circuito eletrônico em lugar do relê eletromagnético, diminuindo a corrente no contato.

(B) REGULADORES "TUDO OU NADA" DO TIPO INDIRETO

Quando se requer uma regulação *tudo ou nada* mais precisa e mais sensível, a variável medida é introduzida em outro dispositivo, cuja função é ampliar e transformar o sinal medido. Esse dispositivo possui mecanismo *tudo ou nada*, que pode ser ou relê ou amplificador magnético.

(Exemplo)   **Pirômetro regulador de bobina móvel**

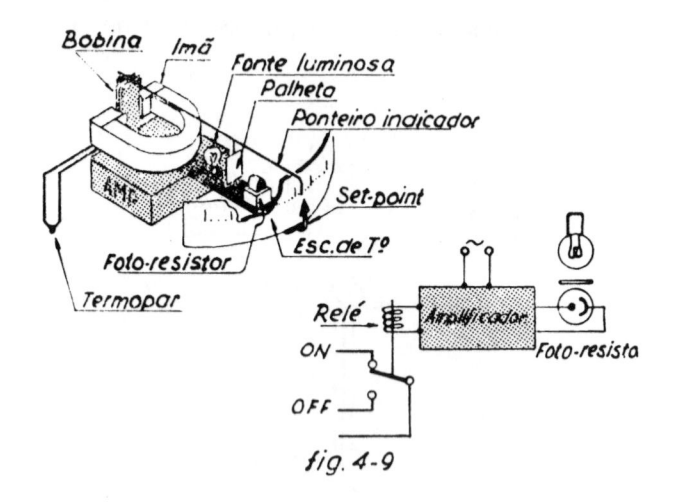

fig. 4-9

O dispositivo ilustrado na Fig. 4-9 combina, de uma parte, um milivoltí-metro projetado para medir temperaturas por meio de um termopar; e, de outra parte, um amplificador, que utiliza uma fotocélula (quanto à última, ver o capítulo sobre "Dispositivos de segurança").

A temperatura medida pelo milivoltímetro é indicada por seu ponteiro, o qual suporta uma palheta em seu centro. No *set point* desse pirômetro há uma fonte de luz e uma fotocélula montadas de tal maneira que enquanto a temperatura se mantém dentro do valor desejado, a palheta suspensa ao ponteiro intercepta o caminho da luz entre a fonte luminosa e a fotocélula.

Quando a temperatura se afasta do *set point* a palheta desvia-se, de-sobstruindo a passagem da luz, que incidirá sobre a fotocélula, fazendo variar sua resistência, efeito esse que é amplificado eletronicamente. O amplificador tem, na saída, um relé eletromagnético, cujo contato liga ou desliga, conforme a posição da palheta.

(C) REGULAÇÃO "TUDO OU NADA"

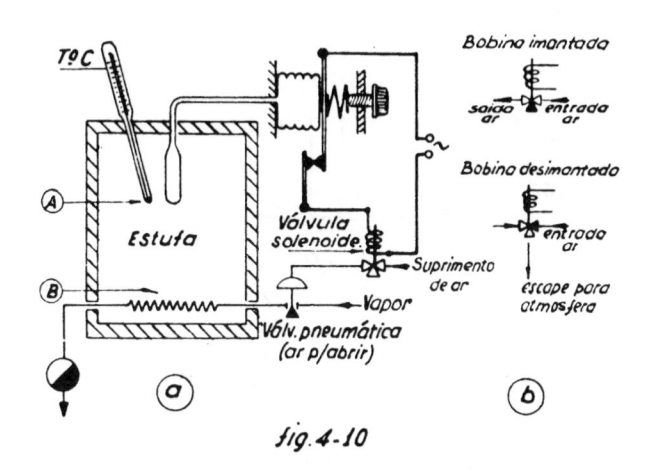

fig. 4-10

Vejamos uma aplicação da regulação elétrica do tipo *tudo ou nada,* para estudar sua característica.

Suponhamos uma estufa aquecida por uma serpentina de vapor, como mostra a Fig. 4-10.

Para manter constante a temperatura da estufa, a circulação de vapor naturalmente deve ser controlada mediante uma válvula, no caso pneumática, cuja passagem é aberta com ar comprimido no seu acionador. Um termostato à distância é colocado para acionar uma válvula eletromagnética, chamada válvula solenóide, de 3 vias no caso, cuja função é semelhante à do relê, como se pode deduzir da Fig. 4-10 (b).

Com o aumento de temperatura o fluido dentro do bulbo se expande e abre o contato, cortando a corrente no circuito da bobina. A válvula solenóide desimantar-se-á e deixará escapar o ar do acionador da válvula pneumática, fechando, portanto, a passagem do vapor para a serpentina.

Quando a temperatura cai abaixo do ponto desejado, o contato se fecha e a válvula pneumática se abre imediatamente.

Desse modo o elemento final da regulação (no caso a válvula pneumática) toma somente duas posições fixas. A válvula passará de uma posição (tudo aberto) a outra posição (nada aberto), regulando em torno de um certo valor desejado da variável.

Usando-se esse tipo de regulação, como a ação corretiva do regulador fica demasiadamente intensa, é claro que a temperatura não fica num valor certo, mas oscila em torno do valor desejado, como mostra a Fig. 4-11 (a).

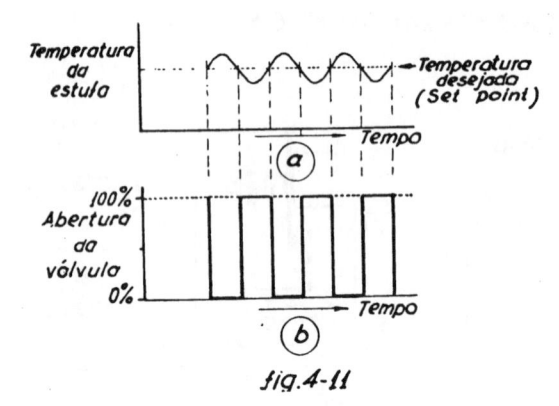

fig. 4-11

Na realidade existe uma pequena faixa morta na ação do regulador, por causa de:

1) resposta não-imediata do regulador;
2) atraso da resposta no circuito de ar do sistema de regulação;
3) inércia térmica da estufa (isolação da estufa e capacidade da estufa).

Portanto, as curvas teóricas da temperatura e da ação do termostato apresentar-se-ão como na Fig. 4-12.

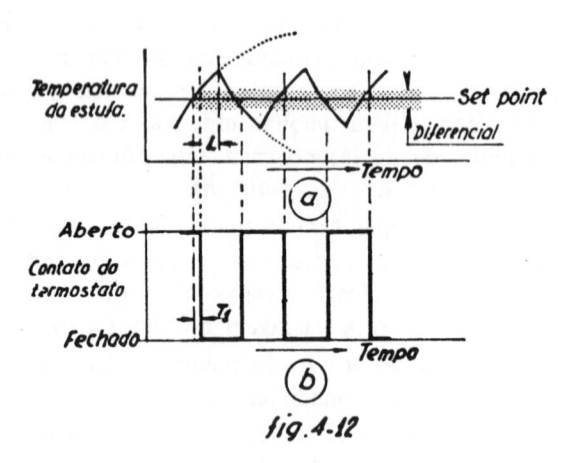

fig. 4-12

Na realidade as curvas são mais suaves, com linhas sem quebras.

Como se mostra na figura, mesmo que a temperatura ultrapasse o *set point* o contato do termostato não agirá imediatamente, por causa do seu mecanismo. Essa demora é representada por T_1. Para que a válvula pneumática passe da sua posição aberta para a posição completamente fechada também demorará certo lapso de tempo. Mesmo que a alimentação de vapor seja cortada a temperatura medida no ponto A (ver a Fig. 4-10) continuará aumentando, porque o processo possui seu tempo morto. O atraso de tempo na indicação da temperatura do ponto A em relação ao ponto B, resultante da distância geométrica entre eles (como se pode deduzir da Fig. 4-10), chama-se tempo morto L.

Vejamos agora a fase descendente da temperatura. A temperatura, agora, começa a cair e atinge o *set point*, mas o termostato, por causa da mesma razão acima, não age imediatamente, e o contato fechará certo tempo depois.

Assim sendo, formar-se-á uma pequena faixa acima e abaixo do *set point*, como na Fig. 4-12 (*a*), na qual o regulador não age sobre o elemento final. Essa faixa é chamada *diferencial* do termostato.

SECÇÃO (2)

REGULADORES HIDRÁULICOS

Esse tipo de regulador é muito importante nas regulações que requerem precisão e/ou operações executadas, como, por exemplo: sistemas de comando remoto de veículos, de navios ou de máquinas em geral.

É mais comum empregar o sistema hidráulico como elemento final em conjunto com elementos de medição e de detecção elétricos ou eletrônicos.

Como, porém, nas indústrias químicas não são muito usados, descreveremos somente o exemplo mais famoso, que é um dos mais antigos reguladores do mundo.

REGULADOR A JATO HIDRÁULICO (ASKANIA)

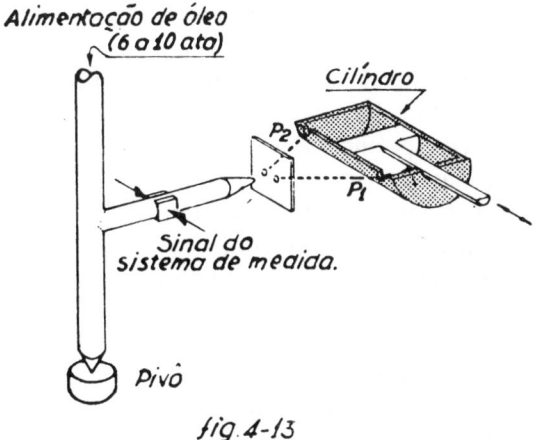

fig. 4-13

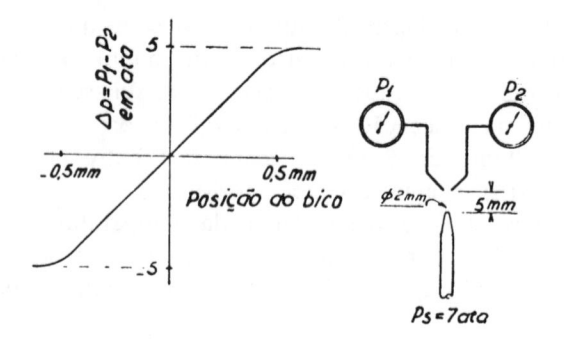

fig 4-14

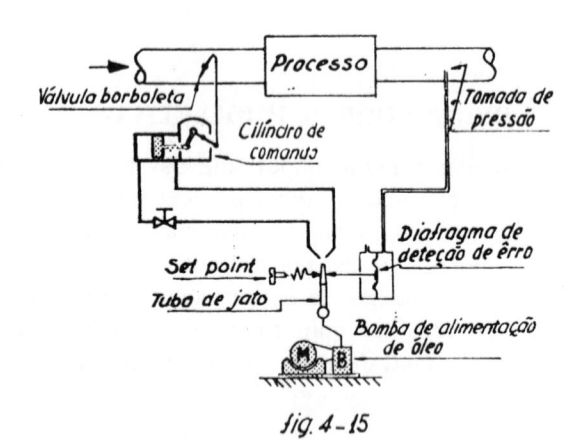

fig. 4-15

Esse regulador consiste de um tubo alimentado de óleo, tendo a extremidade da saída provida de um bico, cuja direção é função da medida efetuada.

O jato de óleo que flui do bico é dirigido de encontro a dois orifícios colocados um bem próximo do outro. Esses orifícios conectam-se, cada um por um tubo próprio, respectivamente a uma e outra extremidade de um cilindro provido de pistão.

A posição do bico, que é uma função da medida efetuada, causa uma pressão diferencial entre os dois orifícios.

Dentro de certo limite essa relação é linear, como se mostra no exemplo da Fig. 4-14.

O movimento do pistão no cilindro produzido por essa pressão diferencial aciona um elemento final qualquer.

A Fig. 4-15 mostra um exemplo de aplicação do regulador hidráulico (regulação de pressão).

As principais vantagens dos reguladores hidráulicos são:

1) disponibilidade de grande força com um pequeno elemento final;
2) resposta mais rápida do que com o sistema pneumático (pois o óleo é incompressível);
3) longa durabilidade, pois é autolubrificante;
4) fácil manutenção, pois o defeito é visível.

Têm, entretanto, suas limitações como:

1) necessitam de uma bomba de alimentação;
2) mais linhas de transmissão do que o sistema pneumático (ida e volta);
3) não têm flexibilidade de instalação, como os instrumentos pneumáticos.

SECÇÃO (3)

REGULADORES PNEUMÁTICOS

(A) PRINCÍPIOS

Os reguladores pneumáticos têm uso bastante difundido industrialmente, devido a quatro fatores:

1) segurança no manejo (não apresentam perigo de incêndio ou explosão);
2) simplicidade e facilidade de manutenção;
3) os sistemas pneumáticos são bastante econômicos;
4) flexibilidade da instalação, graças à padronização dos sinais pneumáticos.

Sem dúvida, a única limitação do regulador pneumático é a distância até a válvula comandada, o que acontece raramente em nossos casos *.

O regulador pneumático usa do mesmo dispositivo que o transmissor pneumático, ou seja, o conjunto orifício-bocal-palheta.

A explicação do funcionamento desse dispositivo é a mesma que no capítulo dos "Transmissores" (ver a Fig. 3-1) e por isso será considerada como já de conhecimento do leitor.

O dispositivo bocal-palheta é muito útil. Ele é usado em todos os tipos de reguladores pneumáticos. Mas como a resposta desse sistema, quando usado isoladamente, é lenta demais para se empregar em controle, introduz-se um dispositivo acelerador de resposta e ampliador de volume chamado *relê piloto*.

---

* A máxima distância que pode comandar é da ordem de 50 m. De 50 até 80 m pode-se usar o *booster* (ver a Fig. 3-16). Entre 80 e 150 m deve-se colocar o regulador tão próximo quanto possível da válvula. Passando de 150 m o único tipo adequado é o eletrônico.

Imagine um conjunto orifício-bocal-palheta cuja saída aciona diretamente uma válvula pneumática, como na Fig. 4-16.

Estando a palheta totalmente aberta (longe do bocal), a pressão depois do orifício é praticamente nula, pois o ar escapa para a atmosfera através do bocal, dependendo da velocidade do escape determinada pelo diâmetro do bocal.

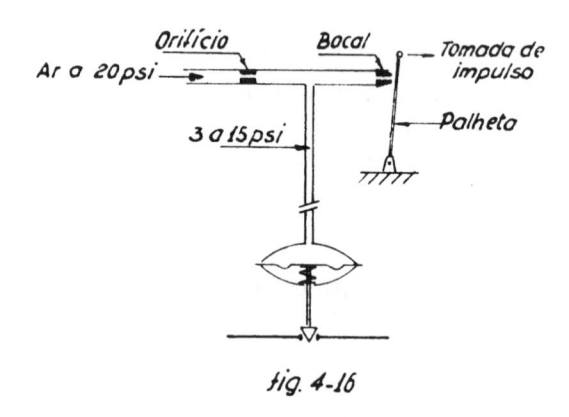

fig. 4-16

Movendo-se agora a palheta no sentido de fechar mais o bocal, a pressão depois do orifício aumenta, porém não instantaneamente, porque pelo orifício (que é uma resistência pneumática) a vazão de ar é muito pequena. Então, para haver aumento de pressão na saída, deve passar certo tempo. o qual é função do volume total existente no tubo entre o orifício e o bocal, na tubulação até a válvula e na câmara sobre o diafragma da válvula.

Vê-se claramente que há uma demora enorme entre o movimento da palheta e o surgimento do efeito, ou seja, o aparecimento de uma pressão para a válvula, e essa demora é tanto maior quanto menor for o orifício.

Como uma solução, pode-se aumentar o diâmetro do orifício e o do bocal, mas o consumo de ar aumentará, conseqüentemente. Por isso, a solução que se adota é a que segue.

Ao invés de esperar que a pressão da saída do conjunto bocal-palheta varie de 3 a 15 p.s.i., usa-se apenas parte dessa variação, por exemplo, de 2 a 4 p.s.i.* (que se dá muito mais rapidamente que uma variação de 3 a 15 p.s.i.), e amplifica-se essa variação por meio de um relê para uma variação correspondente de 3 a 15 p.s.i., como se ilustra na Fig. 4-17.

Os relês podem ser de dois tipos diferentes:

---

* No caso do instrumento FOXBORO, usa-se apenas entre 2,25 e 3 p.s.i. Portanto, o ganho ou o fator de amplificação do relê-piloto é:

$$\frac{\text{Sinal de saída}}{\text{Sinal de entrada}} = \frac{15 - 3}{3 - 2,25} = \frac{12}{0,75} = 16$$

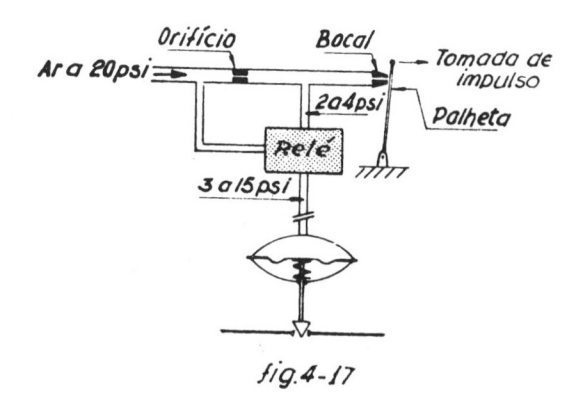

fig. 4-17

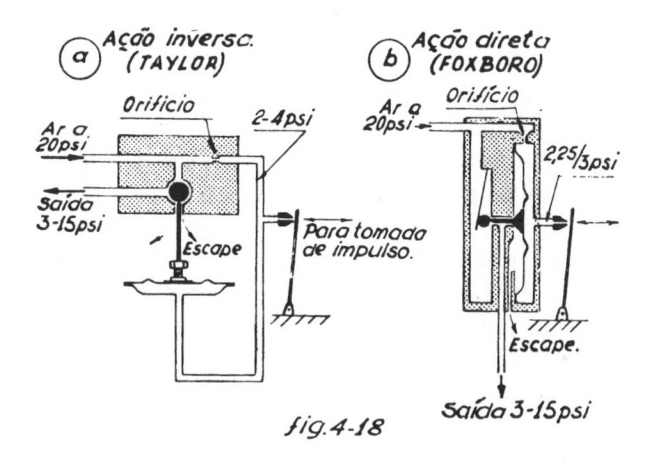

fig. 4-18

1) AÇÃO DIRETA:

Uma variação de pressão de 2 a 4 p.s.i. no conjunto bocal-palheta corresponde a uma variação de 3 a 15 p.s.i., respectivamente na saída do relê.

2) AÇÃO INVERSA:

Uma variação de pressão de 2 a 4 p.s.i. no conjunto bocal-palheta corresponde a uma variação de 15 a 3 p.s.i., respectivamente na saída do relê.

A Fig. 4-18 ilustra dois tipos diferentes.

O funcionamento de um sistema do tipo mostrado na Fig. 4-18 (b) é o seguinte: a esfera do relê é levantada pela pressão criada pelo fechamento do bocal, o que faz fechar o escape para a atmosfera e, ao mesmo tempo, passar mais ar para a saída — e vice-versa.

O percurso da esfera é da ordem de 0,1 a 0,2 mm e, por isso, o ajuste da esfera é muito delicado.

O consumo de ar desse relê é da ordem de 1 m³/h, devido ao escape de ar para a atmosfera ser praticamente contínuo.

Existe, porém, outro tipo de relê, que consome muito menos ar do que os desse tipo.

Para caracterizar, então, definitivamente os dois dispositivos, pode-se dizer que:

O dispositivo orifício-bocal-palheta é um transdutor e amplificador de movimento a pressão.

O dispositivo relê é um amplificador de pressão e de vazão, o qual tem por finalidade acelerar a resposta do sistema pneumático, fazendo com que não haja demora exagerada entre a tomada de impulso (movimento da palheta) e a ação da válvula de regulação ou do sistema de recepção.

O emprego do relê oferece outra vantagem, que é a obtenção da linearidade quase perfeita da relação entre o sinal de saída e a variável medida pela tomada de impulso, o que não seria possível sem esse recurso, pois, quando se utiliza a faixa total do conjunto bocal-palheta, isto é, 3 a 15 p.s.i., a relação que se obtém entre a distância bocal-palheta e a pressão de saída não é perfeitamente linear (ver a Fig. 3-3). O emprego do relê possibilita que se aproveite apenas um segmento tão curto da curva dessa relação não linear (por exemplo: 2 a 4 p.s.i.) que pode razoavelmente ser tomado como uma reta expressando linearmente a proporcionalidade existente entre a distância bocal-palheta e a pressão de saída correspondente. A medida assim tomada é amplificada pelo relê, do que resulta uma expressão praticamente linear para a relação entre a variável medida e o sinal global emitido pelo relê.

Um exemplo de aplicação dos relês é ilustrado na Fig. 4-19.

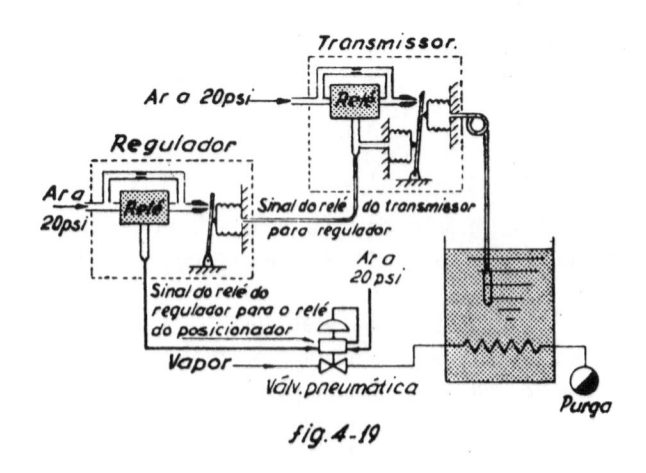

fig. 4-19

Ao finalizar o estudo dos dois dispositivos é importante conhecer que o ar de instrumentação deve ser perfeitamente isento de qualquer impureza. Uma camada finíssima de óleo acumulada na palheta, por exemplo, já é suficiente para influir na precisão dos instrumentos. Esse fato é evidente quando se considerar que o movimento no conjunto bocal-palheta, para emitir um sinal de 3 a 15 p.s.i., é da ordem de 0,05 mm, como mostra a Fig. 3-3, no capítulo sobre "Transmissores". Note-se, ainda, que somente uma pequena parte desse sinal (0,75 p.s.i., no caso do instrumento FOXBO-RO) é aproveitada para acionar um relê cuja saída varia de 3 a 15 p.s.i. Isto é: para obter uma variação de 3 a 15 p.s.i. do sistema conjugado de bocal-palheta e relê é suficiente apenas $0,05 \times \dfrac{0,75}{15 - 3} = 0,003$ mm de movimento da palheta.

Existem cinco tipos principais de controladores pneumáticos nos sistemas industriais:

1.º) tudo ou nada
2.º) proporcional (P)
3.º) proporcional + $reset$ ($P + R$)
4.º) proporcional + derivativo ($P + D$)
5.º) proporcional + $reset$ + derivativo ($P + R + D$)

Começando agora o estudo de cada tipo de regulador, tem-se inicialmente:

(B) REGULADOR "TUDO OU NADA"

São constituídos de um conjunto simples de orifício-bocal-palheta, mais o respectivo relê.

Um exemplo utilizando tubo de Bourdon como tomada de impulso é ilustrado na Fig. 4-20.

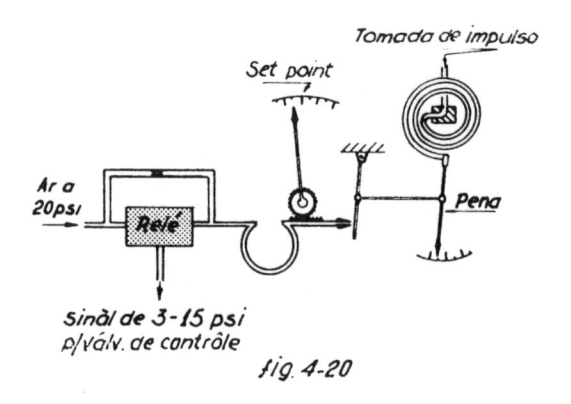

fig. 4-20

Como a palheta é movimentada diretamente pela pena sem intervenção de outras forças, qualquer movimento da pena fecha ou abre completamente o bocal. É a ação *on-off* ou *tudo ou nada,* como já estudamos na secção sobre "Reguladores elétricos".

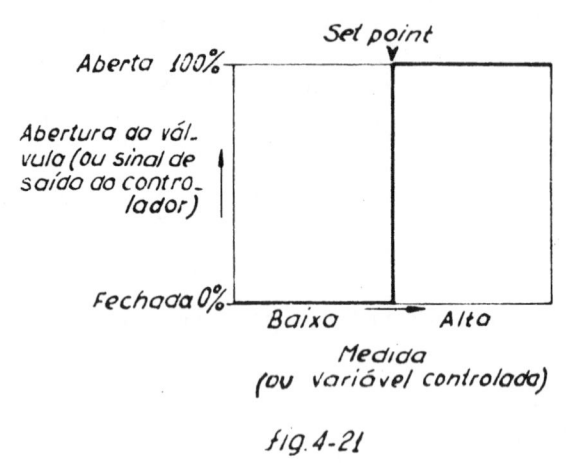

fig. 4-21

A engrenagem no topo do tubo do bocal é para prover esse de um movimento controlável externamente para ajustar a temperatura, vazão ou pressão que se quer regular. É nada mais que o *set point.*

A relação entre a abertura da válvula e a medida ficará como na Fig. 4-21.

A variável controlada traçará a curva já descrita na Fig. 4-11 (*a*).

(C) REGULADOR PROPORCIONAL

Esse tipo é essencialmente o mesmo que o regulador *tudo ou nada,* incluindo a mais apenas um fole proporcionador, em oposição à tomada de

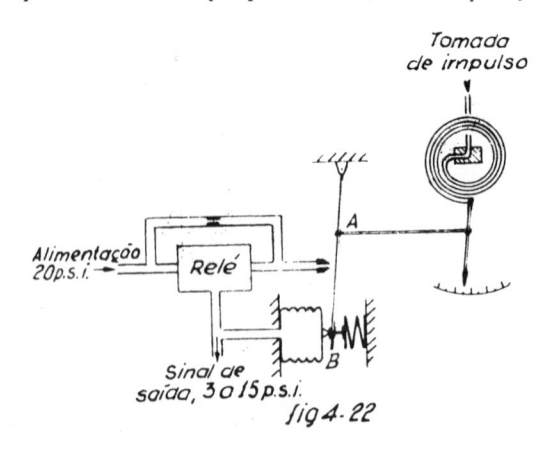

fig 4-22

impulso, como se pode verificar da Fig. 4-22. Essa disposição impede que o bocal fique completamente aberto ou fechado ao menor movimento da palheta, apresentando, assim, posições intermediárias.

A ação desse fole é chamada *realimentação negativa,* pois o fole age contra a medida.

Nesse regulador obtém-se um sinal pneumático proporcional ao erro entre o *set point* e a tomada de impulso.

Está claro que tanto a palheta como o fole devem ser ajustados convenientemente de maneira a dar a proporcionalidade desejada, o que é conseguido, por exemplo, fazendo variar os pontos de aplicação das forças da tomada de impulso e do fole proporcionador (no caso variando o comprimento *AB*).

Essa proporcionalidade entre o erro detectado e o sinal pneumático de saída é chamada *faixa proporcional.*

Faixa proporcional é, portanto, a variação porcentual da variável controlada, necessária para abrir e fechar completamente a válvula de regulação.

Exemplificando; uma válvula de regulação (ar para fechar) tem a seguinte característica:

com 3 p.s.i. ela se encontra totalmente aberta,

com 15 p.s.i. ela se encontra totalmente fechada.

No sistema de regulação onde essa válvula é o elemento final existe um regulador que consegue controlar uma certa variável de 0 até 200. Imagine que a regulação desse sistema se dê em torno do valor 70, por exemplo, e quando o registrador acusa o valor 30 da variável a válvula está totalmente aberta (isto é, a saída do regulador é de 3 p.s.i.) e com o valor 110 a válvula está totalmente fechada (isto é, 15 p.s.i. na saída do regulador); então, para abrir e fechar totalmente foi necessária uma variação de 110 — — 30 = 80 unidades da variável, ou seja, uma variação percentual, em relação à escala total do regulador, de

$$100 \times \frac{\text{variação}}{\text{total da escala}} = 100 \times \frac{80}{200} = 40 \ (^o/_o)$$

Diz-se, então, que a faixa proporcional (ou banda proporcional) é de $40^o/_o$.

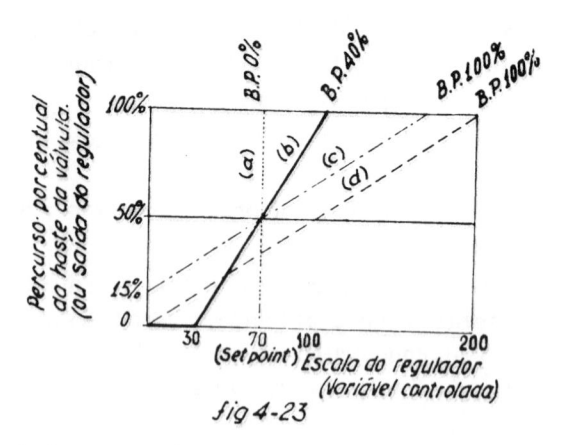

fig 4-23

Pode-se, ainda, construir, a partir desse cálculo simples, um gráfico (Fig. 4-23) mostrando claramente que quanto menor for a faixa proporcional do regulador, para a mesma variação do valor da variável, maior será o movimento da válvula; isto é, em fórmula,

$$\text{movimento da válvula (em \%)} = 100 \times \frac{\text{variação em \% da escala total}}{\text{faixa proporcional}}$$
(ou variação da saída)

Aproximando-se da B.P. 0%, aproxima-se do controlador *tudo ou nada,* como se demonstra na Fig. 4-23.

A variável pode ser regulada em qualquer valor entre 0 e 200 com qualquer B.P. permitida pelo regulador.

Para o caso de um ajuste de B.P. 100% com o *set point* em 70 (curva *c* da Fig. 4-23) *, verifica-se que a válvula nunca conseguirá abrir total-

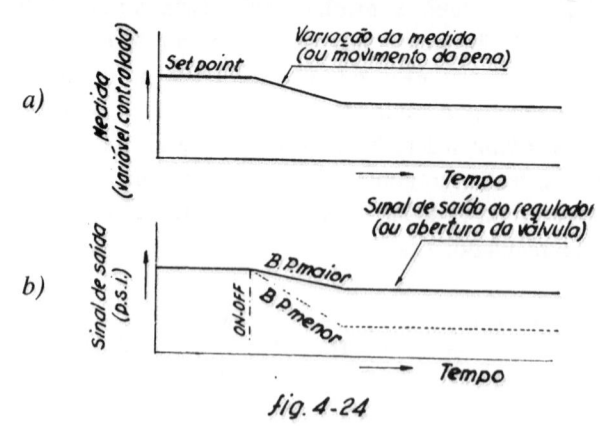

fig. 4-24

* No regulador proporcional o instrumento é ajustado para emitir um sinal de 9 p.s.i. quando a medida coincide com o *set point*.

mente, mas apenas até 15% do percurso total da haste; ao contrário, já um ajuste da B.P. 100% num valor 100 da variável (curva *d* da Fig. 4-23), permite à válvula abrir e fechar completamente dentro da zona controlável do regulador.

Veremos, agora, como um regulador proporcional reagiria à variação da medida.

Supondo-se uma variação da medida como na Fig. 4-24 (*a*), a velocidade com que a medida varia (ou a velocidade do movimento da pena) é indicada pela inclinação dessa curva.

Como demonstrou-se na Fig. 4-23, para determinado ajuste da B.P. existe **uma única abertura da válvula, correspondente a um certo valor da medida.** Isto é, a válvula reage somente quando o valor do desvio (a diferença entre o *set point* e a pena) muda. Por isso, à medida que a pena (ou a variável controlada) se move, a válvula também acompanha esse movimento. Nos reguladores proporcionais a velocidade da haste da válvula (sinal de saída) é proporcional à velocidade do ponteiro de indicação (ou da pena).

Assim sendo, a resposta do regulador proporcional ficará como a curva da Fig. 4-24 (*b*) e a velocidade dessa resposta é indicada pela inclinação da curva. A razão de duas velocidades (*K*) será:

$$K = \frac{\text{Variação do sinal de saída (velocidade do movimento da válvula)}}{\text{Variação da medida (velocidade de movimento da pena)}}$$

e representará a rapidez da resposta do regulador proporcional. Denomina-se *K sensibilidade* do regulador.

Comparando o estudo da B.P. com o da sensibilidade, pode-se observar que uma é o inverso da outra.

Da Fig. 4-24 também pode-se dizer que na regulação proporcional a válvula mover-se-à somente quando a medida esteja variando. Isso quer dizer que a válvula detém a sua ação corretiva tão logo a pena, mesmo que esteja fora do *set point,* deixe de movimentar-se. Isso é o que se chama *offset,* que será explicado mais tarde com um cálculo simples.

Nesse tipo de regulador deve-se tomar cuidado com o ajuste da faixa proporcional, o qual nada mais é do que um ajuste de sensibilidade do regulador. Ajustando-se erradamente a banda proporcional, podem ocorrer oscilações violentas ou, então, respostas lentas demais.

Um ótimo exemplo para elucidar o efeito do ajuste da banda proporcional é o seguinte.

Considere um reservatório onde entram água quente e água fria. A temperatura da água que sai é regulada por um TRC (**R**egistrador **C**ontrolador de **T**emperatura) que age sobre a entrada de água fria.

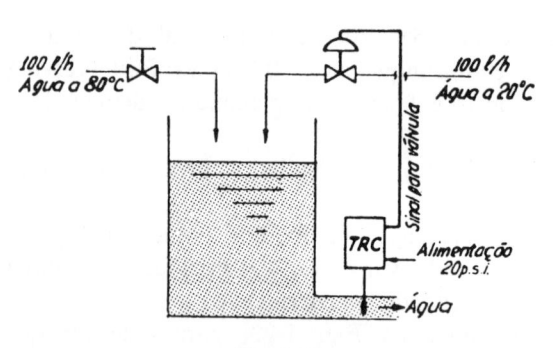

fig. 4-25

Na situação de equilíbrio indicada pela Fig. 4-25, a temperatura resultante da mistura das duas águas, será:

$$\frac{80 \times 100 + 20 \times 100}{100 + 100} = \frac{8\,000 + 2\,000}{200} = 50\ (^oC)$$

a) A banda proporcional no primeiro caso foi ajustada de tal maneira que para cada 1°C de diferença da temperatura desejada (50°C), a válvula de água fria recebe um sinal do regulador, que faz mudar sua vazão de 10 litros/hora.

Considere que haja um desarranjo qualquer e a temperatura baixe para 48 °C. Como o TRC estava ajustado para 50 °C, tem-se uma diferença de 2 °C e o TRC vai mandar um sinal corretor para a válvula, de maneira que essa diminua de 2 × 10 l/h a vazão fria, ou seja, a vazão passa a ser de 100 — 20 = 80 l/h.

A temperatura desse novo regime será:

$$\frac{80 \times 100 + 20 \times 80}{100 + 80} = \frac{8\,000 + 1\,600}{180} = 53\ (^oC)$$

Mas, como se vê, no TRC haverá agora uma diferença de 50 — 53 = = —3 °C. O TRC vai então mandar um novo sinal corretor para a válvula, tal que a vazão de água fria seja modificada para 100 + 3 × 10 = = 130 l/h. Isto dará um equilíbrio em

$$\frac{80 \times 100 + 20 \times 130}{100 + 130} = \frac{8\,000 + 2\,600}{230} = 46\ (^oC)$$

Como se observa, as diferenças de temperatura vão aumentando, apesar de o controlador agir corretamente. **Ele apenas age em demasia.**

Como mostra a Fig. 4-26, o gráfico real dessa regulação não será a linha cheia reta quebrada, mas sim a linha pontilhada curva, pois é claro

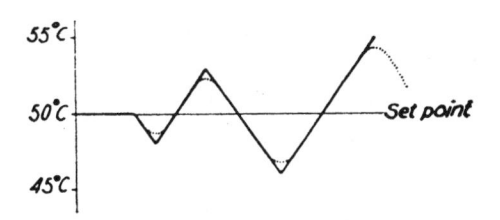

fig. 4-26

que o regulador começa a reagir logo que a temperatura chega aos pontos 48°C, 53°C, 46°C.

b) Com outro ajuste da banda proporcional (aumentando-a um pouco), tem-se que cada 1°C corresponde a um sinal corretor do TRC, que mude a vazão de 5 l/h.

Desenvolvendo o mesmo raciocínio anterior, temos: se, por exemplo, a temperatura cair para 45°C, por uma razão qualquer, o TRC mandará um sinal corretor para a válvula e essa mudará a vazão para $100 - 5 \times 5 = 75$ l/h.

A temperatura nova de regime será

$$\frac{80 \times 100 + 20 \times 75}{100 + 75} = \frac{8\,000 + 1\,500}{175} = 54 \ (^{\circ}C)$$

Novamente existe diferença entre a temperatura desejada e a medida, mas dessa vez apenas de

$$50 - 54 = -4 \ (^{\circ}C)$$

e a vazão será mudada para

$$100 + 4 \times 5 = 120 \ [l/h]$$

dando uma nova temperatura de equilíbrio.

$$\frac{80 \times 100 + 20 \times 120}{100 + 120} = \frac{8\,000 + 2\,400}{220} = 47 \ (^{\circ}C)$$

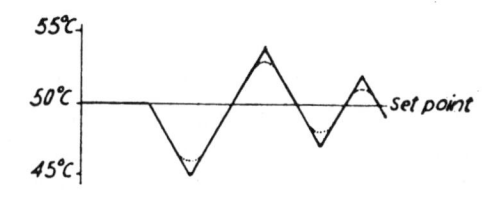

fig. 4-27

Como se vê, o TRC, através de seu controle, está diminuindo, aos poucos, a diferença de temperatura, e a curva resultante será como se representa na Fig. 4-27. Valem as mesmas observações para a curva pontilhada.

Usando-se ainda do mesmo exemplo, pode-se também mostrar o efeito do *offset*.

Offset é o aparecimento de uma diferença entre o valor desejado e o valor medido, irremovível pelo regulador proporcional, causada por variações constantes de algumas variáveis não controladas ou pela dinâmica do próprio processo de fabricação regulado.

c) Imagine, agora, que a temperatura da linha de água quente passou de 80°C para 90°C. A nova temperatura de regime será:

$$\frac{10 \times 90 + 100 \times 20}{100 + 100} = \frac{11\,000}{200} = 55 \ (^\circ C)$$

O regulador TRC agirá sobre a válvula na linha de água fria, de maneira a admitir mais 25 l/h, considerando que a faixa proporcional ainda é 5 l/h para cada 1 °C.

Então, a nova vazão de água fria será 125 l/h e a nova temperatura

$$\frac{100 \times 90 + 125 \times 20}{100 + 125} = \frac{11\,500}{225} = 51 \ (^\circ C)$$

A diferença agora será de $50 - 51 = -1$°C, apenas; logo, a válvula será atuada pelo TRC, de maneira que passem só $100 + 5 = 105$ l/h, o que dará a nova temperatura de equilíbrio de

$$\frac{100 \times 90 + 105 \times 20}{100 + 105} = \frac{11\,100}{205} = 54 \ (^\circ C)$$

Verifica-se, portanto, que, por mais tentativas que o TRC faça para que a temperatura se estabilize em 50°C, não o consegue. O que se obtém, então, é uma aproximação de 2,5°C, chamada *offset* (erro de regime), pois o equilíbrio possível de se estabelecer, automaticamente, com o fator de correção de 5 l/h para cada 1°C de variação do *set point* será numa temperatura de 52,5°C de saída da água, como mostra a curva na Fig. 4-28.

Desenvolvendo o mesmo raciocínio pode-se provar que o *offset* é tanto menor quanto maior for a sensibilidade.

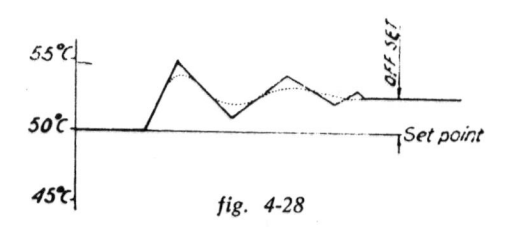

fig. 4-28

Para finalizar o estudo da ação proporcional, as curvas características desse tipo de regulador vão ilustradas na Fig. 4-29.

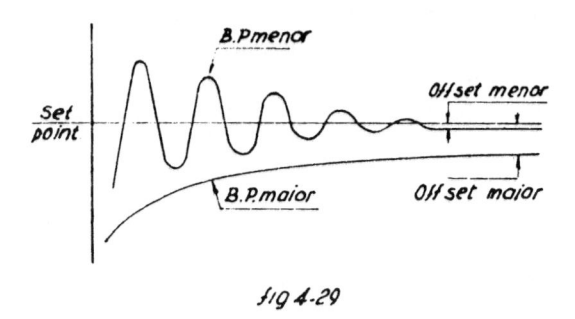

fig 4-29

(D) REGULADOR PROPORCIONAL + "RESET"

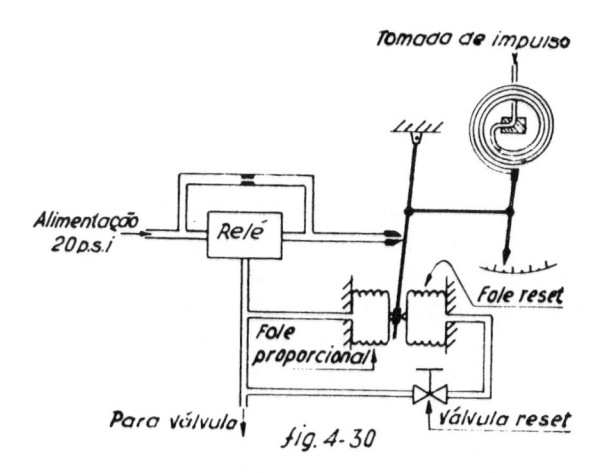

fig. 4-30

Esse tipo de regulador difere do regulador proporcional apenas em que tem, em oposição ao fole ou sanfona desse último, outro fole, que é provido de uma restrição de ajuste. Essa restrição, que consiste de uma válvula (chamada "válvula *reset*"), tem por finalidade retardar a ação do segundo fole.

Portanto, a ação do *reset* pode ser chamada de *realimentação positiva retardada*.

Referindo-se à 4-30, o funcionamento é o seguinte: suponha-se que o sistema esteja em perfeito equilíbrio. A pena coincide com o *set point;* a palheta está na posição média, e as pressões dentro dos dois foles são iguais (9 p.s.i.).

Se se fecha completamente a válvula do *reset,* a pressão do fole ficará isolada do resto do sistema e o fole agirá como simples mola. Portanto, nesse caso, o sistema agirá como o regulador proporcional ilustrado na Fig. 4-22.

Agora, abre-se parcialmente a válvula do *reset*.

Admita, então, que a tomada de impulso detectou uma variação brusca na medida, como na Fig. 4-31 (*a*). Essa variação movimenta a palheta, fechando parcialmente o bocal, e na saída obtemos um sinal, por exemplo, de 12 p.s.i.

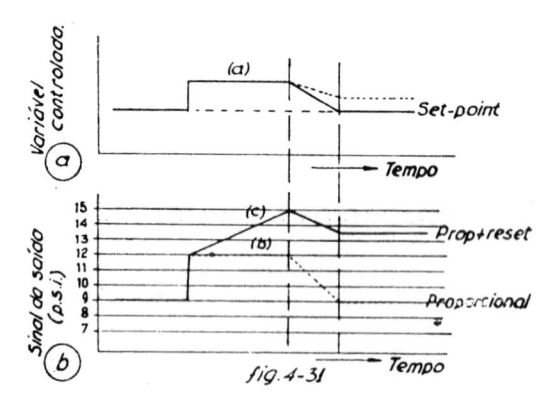

fig. 4-31

A pressão do fole proporcional subirá imediatamente para 12 p.s.i., força essa que se exercerá contra a palheta. Entretanto, a pressão do fole *reset* não aumentará prontamente — pois a válvula do *reset* não o permite — e uma diferença de 3 p.s.i. (12 — 9) existirá entre os dois foles. Verifica-se, então, o controle proporcional já conhecido.

À medida que a pressão no fole *reset* vai subindo, digamos para 10 p.s.i., o sinal de saída também aumenta ainda mais — por exemplo, para 13 p.s.i. — pois o fole *reset* está colocado de tal maneira que reforça o erro detectado pela tomada de impulso.

Note que ainda nesse caso mantém-se a diferença de 13 — 10 = 3 p.s.i. entre os dois foles. Pelo mesmo raciocínio concluímos que, enquanto a variação (erro) persistir em certo valor (no *offset*), poderá existir essa diferença entre os dois foles, mesmo aumentando a pressão do sinal de saída e a do fole *reset* (14 — 11 = 3, 15 — 12 = 3, etc.).

Decorrido determinado tempo, a variação da válvula de regulação é suficiente para iniciar a correção do erro e a tomada de impulso afastará a palheta do bocal. O sinal de saída diminuirá até, por exemplo, 14,5 p.s.i. Enquanto isso, todavia, a pressão do fole *reset* continuará a aumentar e atingirá 13 p.s.i., por exemplo.

Suponha agora que a variação da válvula foi suficiente para corrigir totalmente o erro. Nessa ocasião o sinal de saída pode estar a 13,5 p.s.i. e o fole *reset* também em 13,5 p.s.i.

Assim, o regulador proporcional + *reset* encontra novo equilíbrio (por exemplo, 13,5 p.s.i.), diferente daquele que existia originalmente (9 p.s.i. nos dois foles). Isso quer dizer que quando o erro é eliminado o *reset* deixa a válvula onde *está* e não onde *estava,* como seria no caso do regulador proporcional.

A curva (c) da Fig. 4-31 mostra o comportamento do regulador proporcional + *reset* desse exemplo. Como se vê, na regulação proporcional + + *reset* a válvula de regulação mover-se-á continuamente enquanto existir o desvio entre o *set point* e a medida efetuada.

Por essa razão o regulador com o *reset* eliminou o *offset. Reset* significa *recolocar.* No caso, quer dizer recolocar a válvula na abertura correta para manter o *set point.*

Tempo de "reset"

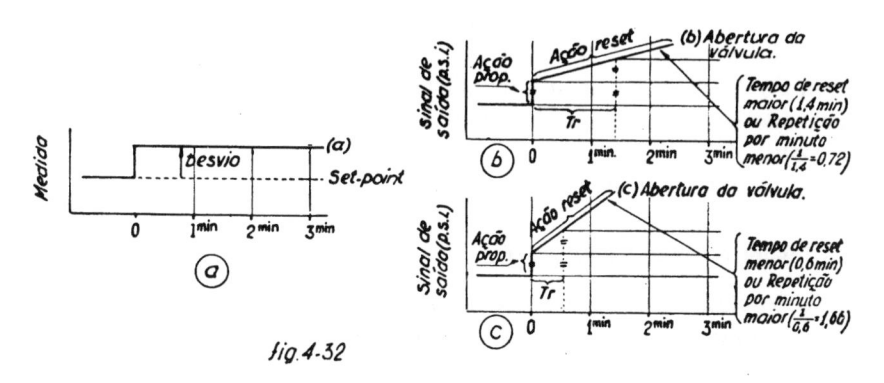

fig. 4-32

Supondo-se um erro (ou desvio) como na Fig. 4-32 (*a*), o regulador proporcional + *reset* agirá como na Fig. (*b*) ou (*c*), dependendo da abertura da restrição do fole *reset,* como explicado acima.

O tempo necessário para um regulador desse tipo produzir, na válvula, variação de abertura igual àquela que seria produzida pela ação do regulador proporcional é chamado *tempo de reset* (Tr), como ilustrado nas curvas (*b*) e (*c*).

Outra unidade de ajuste do *reset* é o inverso desse tempo, e é chamada *repetições por minuto* (r.p.m.), ou seja:

$$r.p.m. = \frac{1}{\text{Tempo de } reset \text{ em minutos (por repetição)}}$$

Ação integral

A ação *reset* é também chamada *ação integral*.

Como se pode verificar na Fig. 4-31, a relação entre uma variação brusca na medida e o comportamento da válvula na ação *reset* pode ser reproduzida nos gráficos da Fig. 4-33.

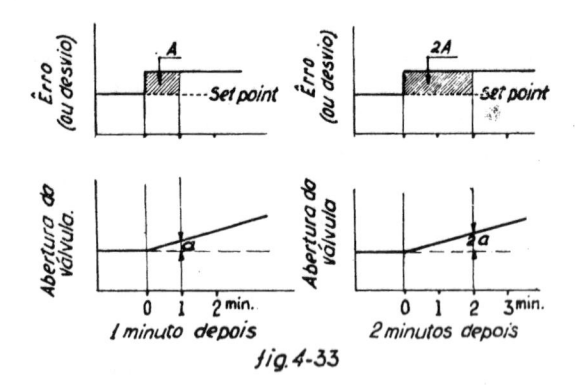

fig. 4-33

Na Fig. 4-33 o movimento da válvula (*a* e 2*a*) aumenta *cumulativamente*, dependendo da integral do desvio, isto é, da área sob a curva do desvio (*A* e 2*A*).

Por essa razão é chamada de *integral*.

Instabilidade do regulador "reset"

No regulador *reset* o movimento da válvula não se inverterá enquanto o sinal do desvio não se inverter. Isto é um inconveniente desse tipo de regulador, pois pode acarretar instabilidade.

Tem-se um exemplo na regulação da temperatura de polimerização numa autoclave por um regulador proporcional + *reset* e duas válvulas de regulação (uma de vapor e outra de água).

Suponha uma faixa total do regulador de 60°C (20 a 80°C) com banda proporcional de 20%.

Na partida, com o *set point* em 50°C e a temperatura da autoclave a 20°C, por exemplo, a válvula do vapor estará totalmente aberta, pois um grande desvio de 30°C existirá para baixo do *set point*.

Se o regulador fosse proporcional, simplesmente, à medida que a temperatura entrasse na zona da banda proporcional, no caso

$$50°C - \frac{1}{2} (20^0/_0 \times 60°C) = 44°C$$

a válvula começaria logo a fechar e a temperatura não ultrapassaria o *set point* se o ajuste da banda proporcional estivesse adequado.

No regulador proporcional + *reset,* porém, mesmo que a temperatura atinja 44°C o desvio estará ainda abaixo do *set point* e a ação *reset,* opondo-se à ação proporcional e atuando como regulador *on-off,* não permitirá que se inverta o movimento da válvula (fechar, no caso).

Só quando a temperatura ultrapassar o *set point* o sinal do desvio mudará e o *reset* ajudará a ação proporcional. Mas devido não só ao fato de a ação do *reset* ser retardada como à inércia do sistema, a temperatura afastar-se-á bastante para cima do *set point,* ou dará *overshoot* para cima.

Por essa razão o regulador desse tipo necessita de um outro componente pneumático chamado *chave batch.*

A instabilidade citada acima pode ser explicada.

Suponha uma curva que representa a relação entre a abertura da válvula e a escala do instrumento, como já explicado no regulador proporcional, onde o *set point* está em 100 da escala com uma banda proporcional de 75^0/$_0$, como na Fig. 4-34.

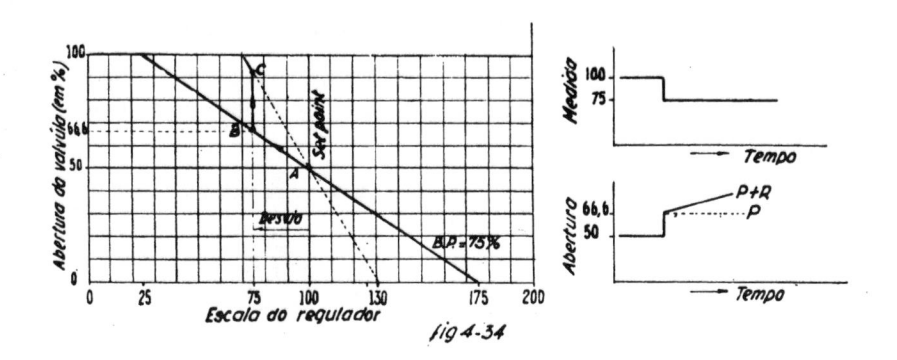

fig 4-34

Admitindo uma variação brusca da medida, por exemplo de um valor 25 a menos do *set point,* a ação proporcional moverá a válvula imediatamente do ponto (*A*) ao (*B*), cuja abertura é de 66,6%, e a válvula ficará nessa abertura. Mas, como o desvio persiste, a ação *reset* continuará movendo a válvula, com uma velocidade que depende do ajuste de tempo do *reset.* Após certo tempo a abertura da válvula chegará ao ponto (*C*). Isso quer dizer que o percurso da válvula *ABC* corresponde ao percurso *AC*.

Como se vê, a linha *AC* representa uma banda proporcional menor (no caso 30%) ou sensibilidade maior. Por essa razão o regulador proporcional + *reset* pode produzir uma resposta muito oscilatória.

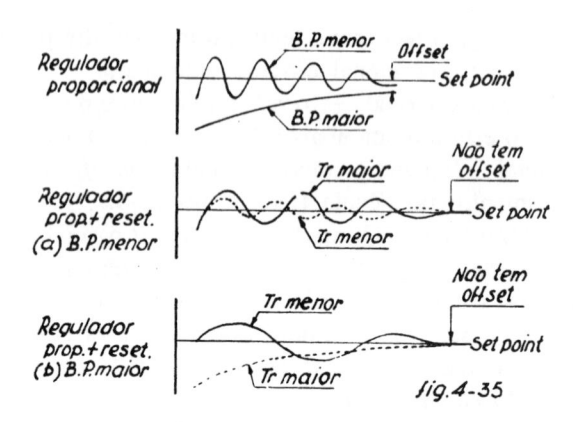

fig. 4-35

Ao finalizar o estudo do *reset* é interessante ilustrar o efeito da ação proporcional + *reset* com vários ajustes comparados com a ação simplesmente proporcional, como na Fig. 4-35.

Note que no regulador proporcional + *reset* eliminou-se o *offset,* mas o tempo de estabilização prolonga-se mais do que no regulador proporcional.

(E)   REGULADOR PROPORCIONAL + DERIVATIVO

A ação derivativa é conseguida simplesmente colocando uma válvula limitadora de vazão no fole proporcional, que fica sendo, nesse caso, o fole derivativo.

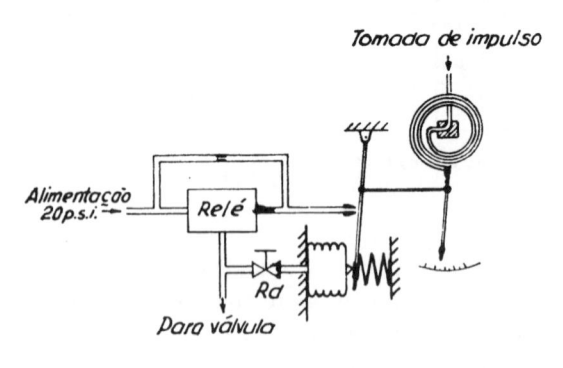

fig. 4-36

Como se vê na Fig. 4-36, a ação do fole derivativo é retardar a ação proporcional do regulador.

Como o fole faz a função de realimentação negativa, a ação derivativa é chamada *realimentação negativa retardada.*

Uma vez detectado um erro pela tomada de impulso, o regulador funciona inicialmente quase como um *tudo ou nada,* até que o fole derivativo, passado certo tempo, diminua essa ação brusca do regulador. A ação derivativa diminui o tempo de reação ao distúrbio na variável controlada, diminuindo assim o tempo de oscilação, como se descreverá mais tarde.

No regulador proporcional + derivativo o sinal de saída (ou a abertura da válvula) varia *proporcionalmente à velocidade de variação da medida.* Isto é, quanto mais rápido a pena se move, por pouca que seja a distância percorrida pela mesma, maior é a variação da abertura da válvula.

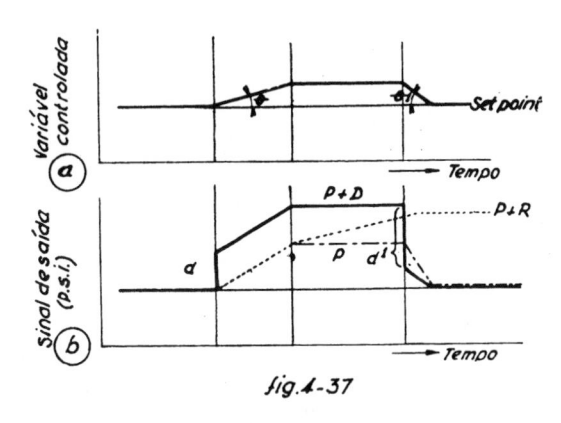

fig. 4-37

A Fig. 4-37 mostra a ação proporcional + derivativa em comparação com as ações proporcional e proporcional + *reset.*

Como se vê, a variação (d) da abertura da válvula depende da velocidade da variação da medida, que é representada pelo ângulo (ϕ) da Fig. 4-37 (a).

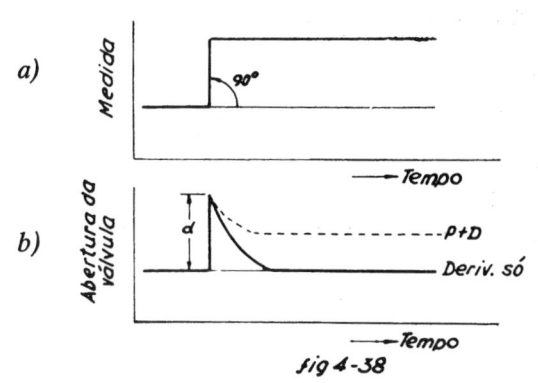

fig 4-38

Isso quer dizer que a abertura da válvula muda proporcionalmente ao diferencial do erro — a razão entre a variação do erro e o tempo. Por isso a ação derivativa é chamada *rate* ou *diferencial*.

Quando a variação do erro for tão brusca como na Fig. 4-38 (*a*), isto é, o diferencial de erro tende ao infinito, a variação da abertura da válvula (*d*) também irá ao infinito. Mas na prática esse movimento é limitado pela construção mecânica do aparelho.

Para esclarecer melhor, figura-se uma variação senoidal na medida, como na Fig. 4-39 (*a*), e estuda-se o efeito tanto no sentido favorável como no desfavorável da ação derivativa sobre a ação proporcional.

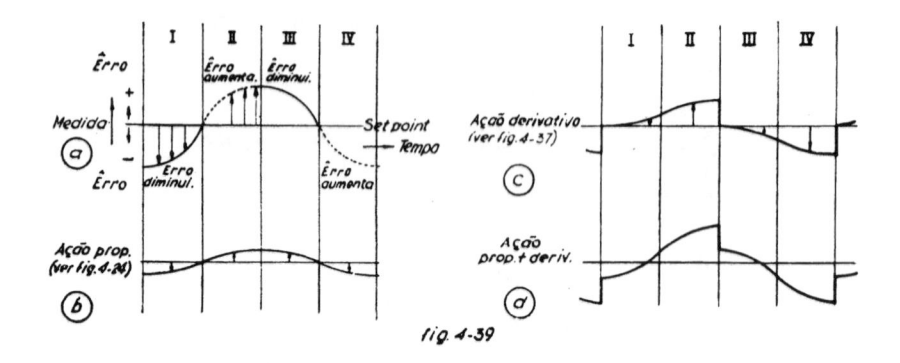

fig. 4-39

No quadrante (I), onde a tendência do erro é para diminuir, o derivativo, fazendo aumentar a banda proporcional, freia a ação proporcional, a fim de impedir uma correção excessiva, evitando, assim, a oscilação ou *overshoot*.

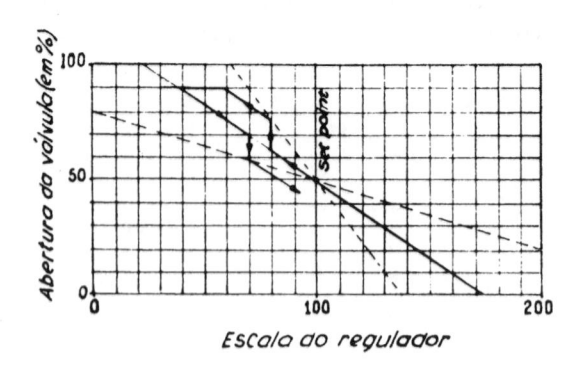

fig 4-40

No quadrante (II), onde o erro tende a aumentar, o derivativo reforça a ação proporcional, aumentando a sensibilidade a fim de corrigir o erro para zero o mais rápido possível — e assim por diante.

Isso quer dizer que no regulador proporcional + derivativo, o derivativo, tomando o impulso na velocidade da variação do erro, faz diminuir efetivamente a banda proporcional, para o aumento do erro;   e aumentar a banda proporcional, para a diminuição do erro.

Esse efeito pode ser ilustrado como na Fig. 4-40, usando o mesmo raciocínio que no caso do *reset* (ver a Fig. 4-34).

Para finalizar o estudo do derivativo, damos uma comparação entre as curvas características do regulador proporcional + derivativo e a do regulador simplesmente proporcional, como ilustrado na Fig. 4-41.

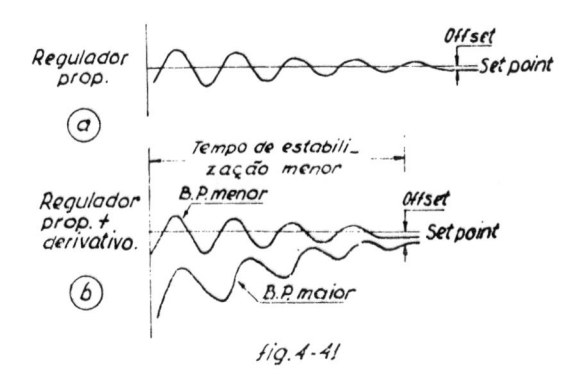

fig. 4-41

Note que o tempo de estabilização do regulador proporcional + derivativo é bem menor do que o do regulador simplesmente proporcional.

(F) REGULADOR PROPORCIONAL + "RESET" + DERIVATIVO

Esse é o tipo mais aperfeiçoado, pois é provido dos três modos de regulação já explicados.

O mecanismo desse regulador é, portanto, a combinação dos componentes já ilustrados nas Figs. 4-30 e 4-36.

Conforme a posição da válvula de ajuste do derivativo, têm-se duas montagens básicas para esse tipo de controle, como pode ser observado na Fig. 4-42.

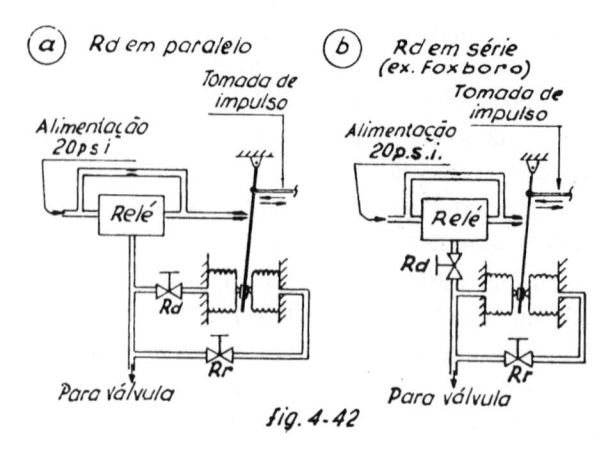

fig. 4-42

Quando bem ajustado, tal regulador oferece, naturalmente, respostas mais corretas que as de todos os outros tipos de regulador, pois elimina o *offset*, requer menor tempo para a estabilização e produz oscilações de menor amplitude.

(G) EXEMPLOS DOS REGULADORES PNEUMÁTICOS

(1) CONSOTROL (FOXBORO)

Esse regulador, chamado "CONSOTROL", é um dos mais aperfeiçoados pela técnica moderna. É um regulador cego, com *set point* ajustável pneumaticamente e compacto. O registrador que o acompanha possui um gráfico em forma de rolo.

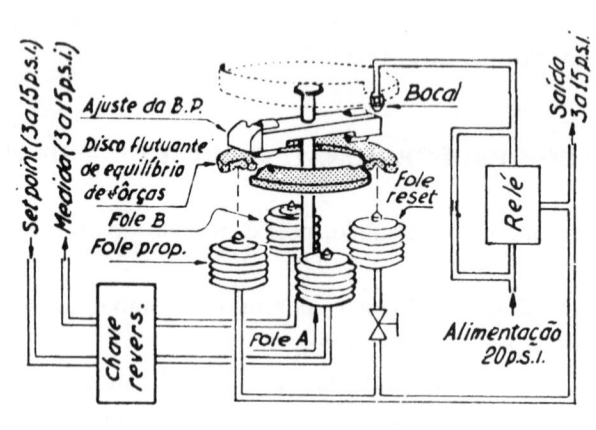

fig. 4-43

Funcionamento: — Obedece ao princípio básico do orifício-bocal-palheta, porém a sua construção é um pouco diferente da dos tipos convencionais, pois baseia-se no princípio do equilíbrio de forças. Consiste de um disco apoiado sobre quatro foles (quando é proporcional + *reset* ou proporcional + *reset* + derivativo) ou três foles e uma mola (quando é proporcional ou proporcional + derivativo) e dois foles e duas molas (quando é de *on-off*).

O exemplo do regulador proporcional + *reset* é ilustrado na Fig. 4-43. Como se vê o disco está apoiado sobre dois cutelos, sobre os quais ele oscila. A banda proporcional é ajustável pelo deslocamento da posição desses cutelos. O bocal está colocado fora do centro do disco.

Para exemplificar o funcionamento de equilíbrio de forças na Fig. 4-44 representou-se um regulador *on-off* com dois foles e duas molas (representadas em cima dos foles, pois são ocultas; por eles).

Um dos foles, no caso à esquerda, recebe a pressão de ar vindo do *set point* (3 a 15 p.s.i.) e ajusta a variável num valor desejado; o outro fole recebe o sinal de pressão da tomada de impulso (recebe de um transmissor também um sinal de 3 a 15 p.s.i.).

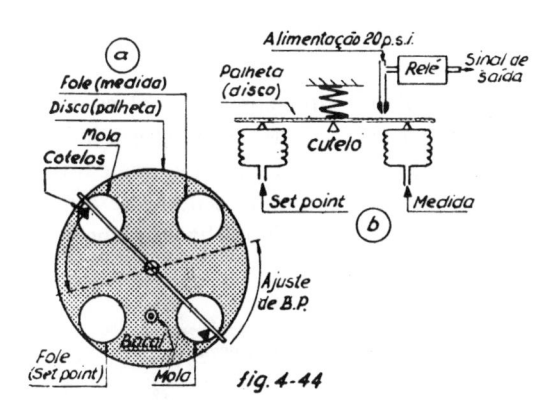

fig. 4-44

Se a medida aumenta o disco fechará o bocal e vice-versa.

Como se vê, os dois foles (aliás, os quatro foles se existirem) recebem sinais de 3 a 15 p.s.i., o que permite inverter a ação do controlador apenas invertendo o fornecimento de ar para os foles.

Essa inversão é feita por uma chave especial, como desenhada na Fig. 4-45.

Então, o fole que antes era o *set point* passa a ser o fole de tomada de impulso e vice-versa, invertendo a ação do regulador.

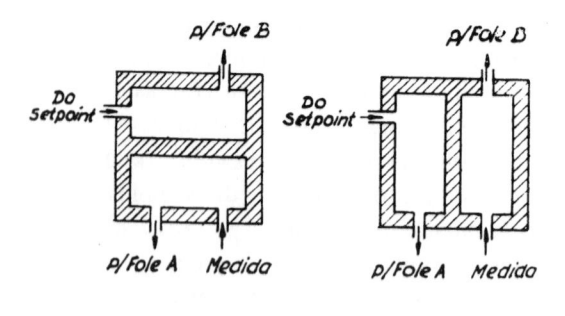

fig. 4-45.

A maior vantagem do CONSOTROL é, além de possuir uma precisão excelente, sua manutenção muito simples. Pode ser retirado do painel de controle como se fosse uma gaveta e ser substituído por outro novo, sem necessidade de desmontar o aparelho todo para o conserto. O fato de retirar o instrumento do painel bloqueia as válvulas de controle na posição em que elas se encontram naquele momento.

(2) **REGULADOR M 40 (FOXBORO)**

Como exemplo de regulador tipo convencional citamos o M 40.

A Fig. 4-46 mostra o mecanismo de *set point* e a indicação do regulador.

O efeito de movimento (por exemplo um aumento) tanto da variável medida como do *set point* é para o mesmo sentido de movimento do braço *B* que atua sobre a palheta do famoso conjunto bocal-palheta. Por isso a posição

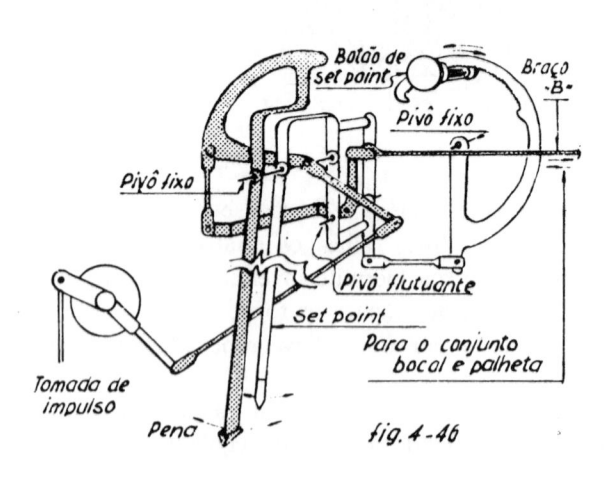

fig. 4-46

do braço *B* é sempre mantida proporcional à diferença existente entre o *set point* e a pena ou o valor medido. Isto quer dizer que o movimento do braço *B* é uma função do sinal de comando e atua na palheta do conjunto bocal--palheta.

O mecanismo de regulação é praticamente igual àqueles descritos anteriormente para explicar os funcionamentos dos "reguladores pneumáticos".

Possui também uma chave (válvula) de quatro posições que permite colocar o instrumento em um dos vários modos indicados na Fig. 4-47.

(3) NULLMATIC (MOORE)

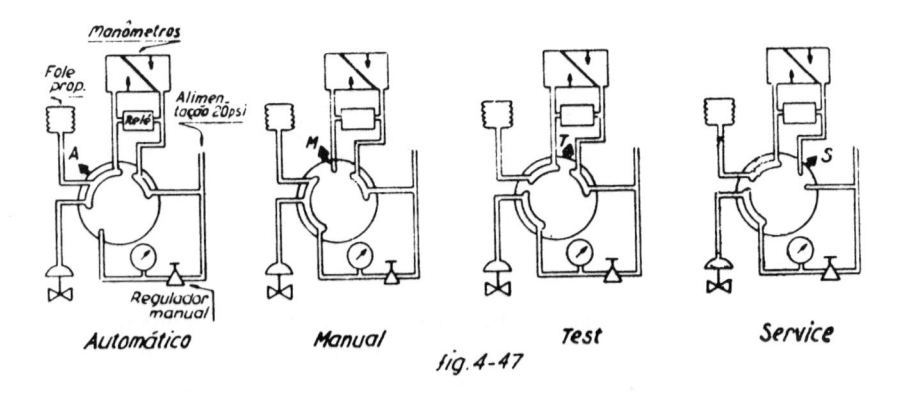

fig. 4-47

Esse é um regulador cego do tipo de equilíbrio de forças que é muito empregado, especialmente na Europa.

O mecanismo do *set point* desse tipo é ilustrado na Fig. 4-48.

A força obtida por esse mecanismo atua sobre uma válvula esférica e as membranas que formam outras câmaras do bloco regulador.

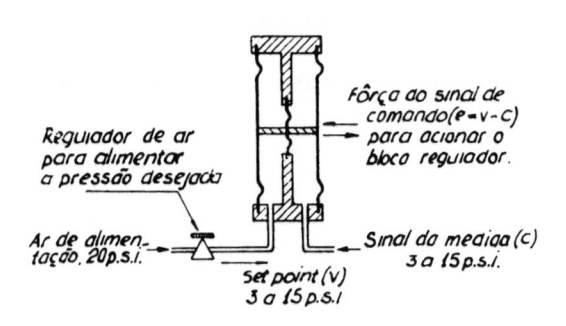

fig 4-48

A Fig. 4-49 exemplifica um regulador proporcional.

O funcionamenfo desse regulador é o seguinte: o ar suprido através de um orifício (*o*) é modulado e fornecido para a saída (*m*) conforme a posição de uma válvula esférica que é acionada pela diferença existente entre a medida (*c*) e o ponto desejado (*v*).

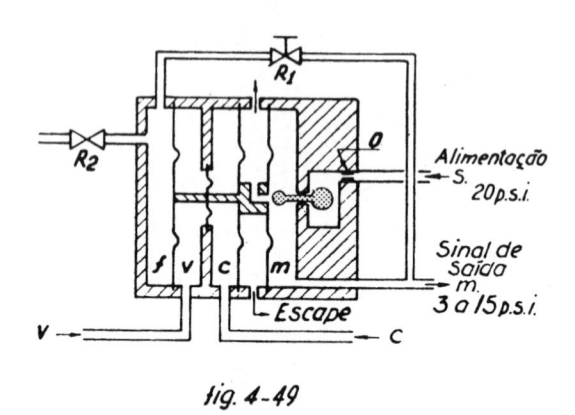

fig. 4-49

A câmara (*m*) que acha-se à mesma pressão de saída desempenha função idêntica à do fole de realimentação negativa do regulador do tipo "equilíbrio de posição" como na Fig. 4-22, pois a força proveniente da pressão *(m)* atua em sentido contrário à força do sinal de comando ($e = v - c$). O sinal de saída é enviado, através de uma restrição ajustável (R_1), também, à câmara (*f*) cuja função é cancelar a força produzida pela pressão (*m*), portanto, ajustar o efeito da realimentação negativa.

Quando R_1 está totalmente aberta as forças devido a (*m*) e (*f*) cancelam-se e não haverá realimentação, isto é, um comportamento *on-off*, enquanto que com R_1 totalmente fechada a banda proporcional será fixada a 100%, pois o ar dentro da câmara (*f*) escapará através de uma restrição fixa (R_2) e a pressão de saída (*m*) será a única que opõe à força exercida pelo sinal de comando ($e = v - c$).

CAPÍTULO V

DISPOSITIVOS DE INDICAÇÃO E REGISTRAÇÃO

SECÇÃO (1)

COMPONENTES MECÂNICOS

A) PRINCÍPIO DO QUADRILÁTERO

O desenho da Fig. 5-1 mostra um sistema típico da transmissão mecânica da medida para uma pena ou um ponteiro.

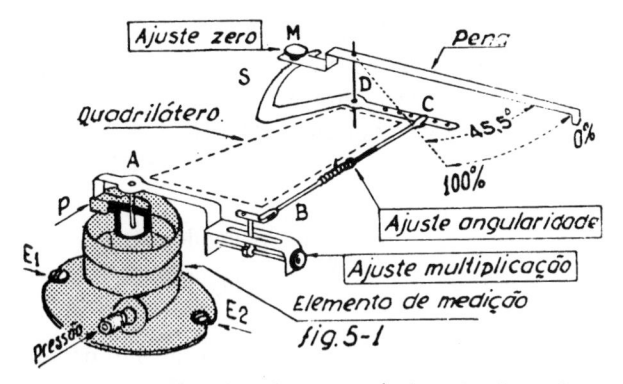

N.B. Todos os mecanismos dêste tipo não necessitam de lubrificação.

fig. 5-1

O movimento da ponta do elemento (tubo de Bourdon em forma de helicóide no caso) é transformado em movimento rotativo do braço *AB* em torno do eixo fixo *A* do elemento. Esse movimento é transmitido por meio de uma haste ajustável *BC* para o arco *S* da pena, sendo que o arco gira em torno do seu ponto fixo *D*.

Como se vê, nesse mecanismo, existe um paralelogramo (quadrilátero) *ABCD* onde há dois pontos fixos (*A* e *D*) e dois pontos flutuantes (*B* e *C*).

O movimento do elemento faz com que o quadrilátero mude sua forma. No caso do instrumento FOXBORO o deslocamento angular da pena é sempre de 45,5º e o comprimento da pena é 133 mm. Por outro lado os movimentos angulares dos elementos que se adaptam nessa pena são bem diversos, por exemplo de 15 a 50º. Para que a pena percorra corretamente de 0 a 100º/o da escala do instrumento, é necessário calibrar o mecanismo variando os comprimentos dos lados do quadrilátero.

Existem princípios de calibração dos instrumentos que se baseiam nas propriedades do quadrilátero.

1) AJUSTE DE MULTIPLICAÇÃO

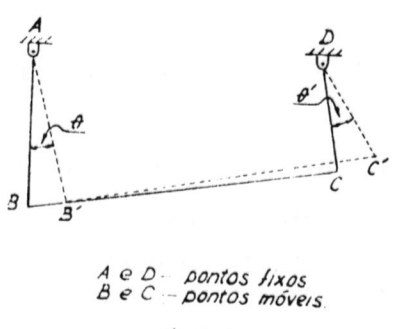

A e D pontos fixos
B e C pontos móveis

fig. 5-2

No quadrilátero da Fig. 5-2, *AB* representa o braço do elemento e *CD* o braço da pena. Se deslocarmos o ponto *B* para um ponto bem próximo *B'* naturalmente o ponto *C* também virá ao ponto *C'*. Nessa situação tem-se as seguintes relações entre os comprimentos *AB* e *CD* e os deslocamentos angulares desses braços:

$$\frac{AB}{CD} = \frac{\phi'}{\phi} \quad \text{onde} \quad \begin{array}{l} \phi \ : \text{ângulo } BAB' \\ \phi' : \text{ângulo } CDC' \end{array}$$

Isso quer dizer que quanto maior for o comprimento do braço do elemento (*AB*), tanto maior será o percurso da pena. Note que, nesse caso, a suposição foi feita para uma pequena variação de ângulo. Para os deslocamentos maiores, tem certo desvio da fórmula. Porém o princípio é o mesmo.

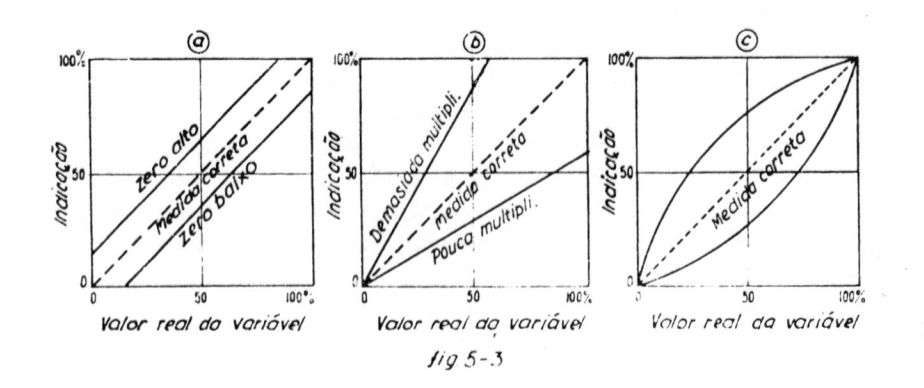

fig 5-3

Essa relação é o princípio de ajuste de multiplicação ou de faixa. A multiplicação pode ser definida como a razão dos movimentos do elemento ao da pena (ou ponteiro) e ilustrada na Fig. 5-3 (*b*).

2) AJUSTE DE ZERO

Como mostra a Fig. 5-3 (*a*), a diferença entre o valor real e a indicação é igual para toda a faixa.

O ajuste de zero estabelece o ângulo entre a pena (ou o ponteiro) e o braço da pena (ou do ponteiro).

Esse ajuste é feito pelo micrômetro M da pena (na Fig. 5-1) e apenas muda o ângulo entre a pena e o braço da mesma, *CD*.

Portanto, não influi nos dois outros ajustes. Porém, é desejável que todos os ajustes sejam feitos de tal maneira que para uma indicação de zero da variável medida o micrômetro se encontre na posição média.

3) AJUSTE DE ANGULARIDADE

Angularidade é o deslocamento desigual da pena para a mesma quantidade de incremento da variável medida nas diferentes regiões da escala. Exemplifica-se a angularidade nas Fig. 5-3 (*c*) e Fig. 5-4.

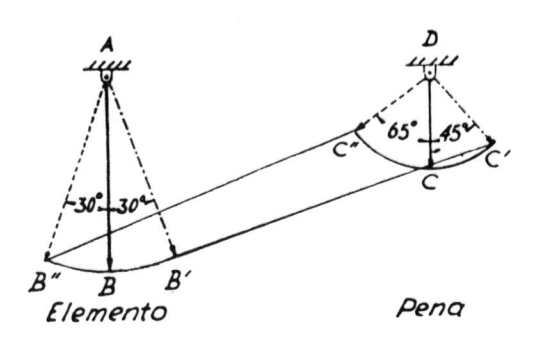

fig. 5-4

Esse ajuste é feito variando o comprimento do braço *(link)* BC.

No caso da Fig. 5-4 deve aumentar o comprimento do braço *BC*.

No caso do instrumento FOXBORO de uma pena, cujo elemento fica à esquerda da pena como nas Figs. 5-1 e 5-4, o prolongamento do braço *BC* faz com que o percurso da pena fique comprimido na região superior da escala e vice-versa.

B) PROCEDIMENTO DA CALIBRAÇÃO (Ref. à Fig. 5-1)

(1) Com 50% da faixa de medida desejada (se a faixa do instrumento é de 20 a 120°C, por exemplo, ponha o elemento a 70°C de temperatura) ajustar em ângulos retos a junção dos braços AB e BC e depois entre BC e CD.

É ideal que o quadrilátero seja um paralelogramo, se não for, desaperte os parafusos de fixação do elemento (E_1 e E_2) e recoloque-o na posição apropriada para obter os ângulos retos.

(2) Com 0% da faixa de medida desejada (a 20°C, no caso) ajuste o zero da pena por meio do micrômetro M.

(3) Com 100% da faixa de medida desejada (a 120°C, no caso) observe a posição da pena. Se esta for abaixo de 100% da escala (120°C no caso) prolongue o braço AB.

(4) Repita as operações (1), (2) e (3), até que os ângulos retos, 0% e 100% estejam corretos.

(5) Com 50% da faixa da medida desejada (a 70°C, no caso) observe a posição da pena. Se a pena estiver fora de 50% da escala multiplique essa diferença por 10 e some este valor no sentido favorável ao erro por meio de ajuste de comprimento da haste BC. Por exemplo, se a pena marca 71°C com o elemento a 70°C, a diferença é + 1°C. Portanto, deve ajustar o parafuso da haste BC até que a pena marque $71 + (+ 1 \times 10) = 81°C$.

(6) Repita as operações (1) a (5) até que todas as condições sejam satisfeitas.

C) PENAS

A função de um registrador é escrever a variação da variável no gráfico. Portanto, é muito importante manter essa função em ordem. Descreve-se abaixo alguns pontos importantes a esse respeito.

Tipos de penas e seus cuidados:

(a) **Tipo V**

É um tipo mais simples isento de entupimento. É aconselhável colocar na pena pouca quantidade de tinta de cada vez, por exemplo, diariamente. Manter o nível sempre alto na pena V quer dizer aumentar a concentração de substâncias não voláteis como a glicerina ocasionando derramamento de tinta sobre o gráfico.

(b) **Tipo reservatório**

A mesma observação do tipo V é válida nesse caso. Esta é sujeita a entupimento. Para desentupir a pena pressiona-se levemente a boca do reservatório com um dedo. Caso não tenha efeito aplica-se no capilar da pena um fio metálico próprio ou uma seringa insufladora para desentupir.

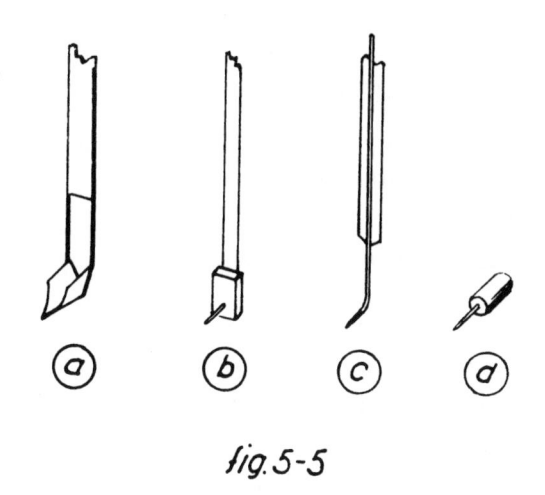

fig. 5-5

(c) Tipo capilar

Nesse tipo a pena é alimentada através de um tubinho capilar ligado a um reservatório de tinta. Não há problema de evaporação de tinta do vidro mas deve-se usar uma tinta especial que seca rápido. Por exemplo a tinta FOXBORO N.º 1800.

Causas do derramamento: (I) A posição do reservatório demasiadamente alta.

    (II) Tinta não adequada.

Causas da falta de tinta: (I) Posição do reservatório demasiadamente baixa.

    (II) Entupimento no capilar da pena ou no capilar respiradouro do reservatório.

A posição correta do nível do reservatório é muito importante, especialmente no caso do registrador com gráfico circular.

O nível da tinta no reservatório deve ser mantido entre a posição da ponta da pena indicando o zero da escala e 25 mm abaixo dessa posição.

(d) Pena agulha

É usada para registradores de vários pontos. Nesse tipo emprega-se a tinta feita à base de óleo, que seca inteiramente por absorção e não por evaporação.

D) ACIONADORES DE GRÁFICOS

Existem três tipos de relógios para acionar o mecanismo da registração. Suas características e utilizações são:

(a) Relógios mecânicos:

A esse tipo é necessário que seja dado corda e lubrificação periodicamente.

Portanto, somente são usados; por exemplo:

(I) Na área onde requer o equipamento à prova de explosão.
(II) Para o registrador montado isoladamente.

(b) Relógios elétricos:

Não necessita de lubrificação e de corda. Portanto, é de uso geral na sala de controle e na área não perigosa.

(c) Relógios pneumáticos:

A Fig. 5-6 mostra um exemplo.

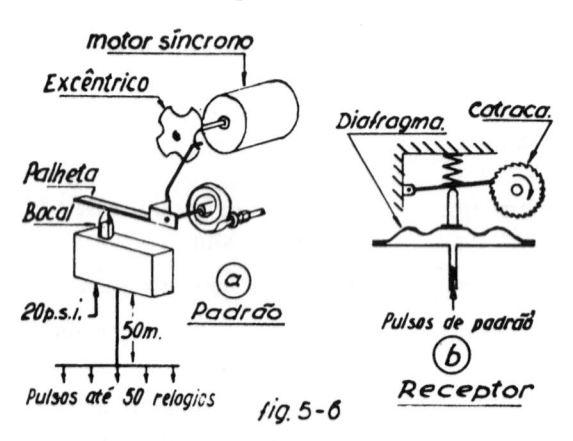

fig. 5-6

Esse consiste de um relógio elétrico-padrão que transmite o sinal pneumático por pulsos por meio de um excêntrico e de um conjunto bocal-palheta.

O acionador, propriamente dito, que fica no instrumento, recebe esses pulsos e impulsiona a engrenagem por meio de um diafragma.

Por sua simplicidade é de fácil manutenção e empregado nas instalações grandes, especialmente onde a sala de controle em si é uma área perigosa.

SECÇÃO (2)

REGISTRADORES ELETRÔNICOS

A) "DYNALOG RESISTANCE" (FOXBORO)

Princípio da ponte:

Suponha-se um sistema onde uma bomba circula um fluido qualquer na tubulação como ilustrado na Fig. 5-7.

Nesta tubulação R representa um capilar fino que é nada mais que uma resistência, como explicada na Fig. 3-10, cujo valor já é conhecido.

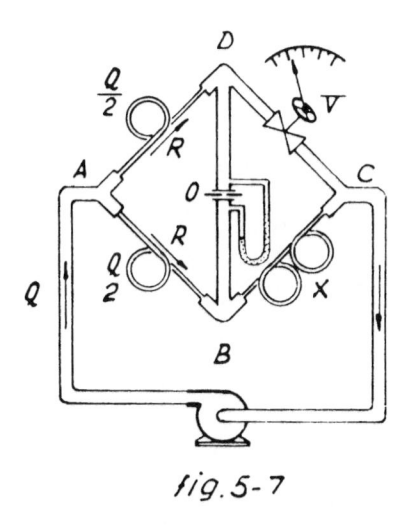

fig. 5-7

X é um capilar cuja resistência é desconhecida e que se deseja medir.

V representa uma válvula de agulha cuja resistência é variável. Se conseguirmos a válvula V de tal maneira a dar uma passagem igual à do capilar X, o fluxo que chega ao ponto A da bomba se dividirá em duas partes iguais e se juntará no ponto C retornando a sucção da bomba.

Isso quer dizer que o fluxo que se flui no capilar AD fluirá diretamente na tubulação DC e o fluxo no AB diretamente ao capilar BC. Portanto não haverá fluxo entre BD e o manômetro em U que toma impulsos através de um orifício O dessa tubulação não marcará diferencial.

Se fixarmos um ponteiro no volante da válvula de agulha, o ponteiro indicará o valor da resistência do capilar X, pois a resistência oferecida pela válvula é igual à do capilar.

Se substituirmos o capilar X por um outro cuja resistência é maior, isto é, uma passagem menor do que a da válvula, a tendência do fluxo que está no capilar AB será fluir na tubulação BD e fluir através da válvula. Nesse caso haverá um diferencial como na figura. Para que não haja o fluxo na tubulação BD, é preciso fechar mais a válvula V e igualar a passagem (ou a resistência) da mesma a esse novo capilar. Então, obtém-se uma nova abertura da válvula e o ponteiro marcará um valor diferente do outro.

Assim pode-se fazer uma escala em função da resistência colocada entre B e C e, qualquer que seja essa resistência, pode-se tomar a leitura da mesma regulando a abertura da válvula até que o diferencial do manômetro retorne a zero.

O sistema de tubulação acima é chamado *ponte hidráulica* e ela é chamada *em equilíbrio* quando a leitura do manômetro em U é zero.

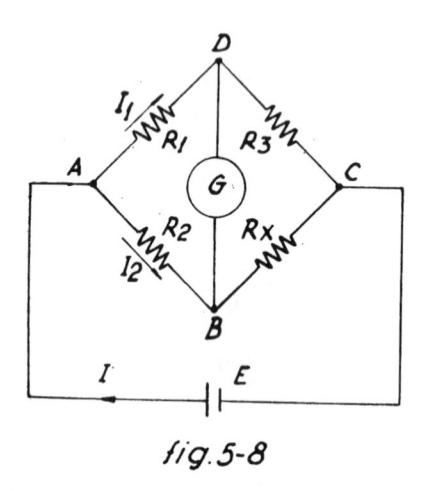

fig. 5-8

Na eletricidade existe um circuito exatamente análogo a esse que se representa na Fig. 5-8. Nesse caso o manômetro em U com orifício (indicador de fluxo) é substituído por um galvanômetro (indicador de corrente elétrica). A bomba, que é uma fonte da energia potencial hidráulica, é substituída por uma bateria E. R_1, R_2 e R_3 são resistências conhecidas. R_x é uma resistência cujo valor se deseja conhecer, isto é, pode ser a resistência de um termômetro ou de *strain gauge*.

Nessas condições para obter um equilíbrio da ponte, a leitura zero no galvanômetro deve satisfazer a seguinte relação:

$$R_x = \frac{R_3}{R_1} R_2$$

Pela lei de Ohm já descrita no capítulo de "Tomada de impulso",

$$I_1 R_1 = I_2 R_2$$
$$I_1 R_3 = I_2 R_x$$

Essa equação significa que pode-se obter o equilíbrio da ponte variando a razão R_3/R_1.

Admitindo-se um contato móvel D em uma resistência cujo valor é a soma dessas duas resistências, a ponte ficará como mostra a Fig. 5-9.

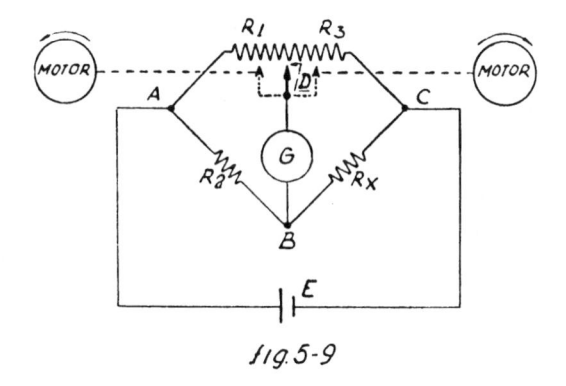

fig. 5-9

O contato D pode ser acionado por um motor reversível, cuja direção de rotação é invertida pela inversão de campo magnético ou seja a polaridade da fonte de alimentação das bobinas.

Imagine, ainda, no lugar do galvanômetro simples um galvanômetro com contatos elétricos, os quais são ligados às bobinas do motor reversível de maneira que quando a corrente passa num sentido os contatos fechados num lado do galvanômetro fazem girar o motor no sentido de trazer o contato D para equilibrar a ponte e vice-versa. Ainda pode-se fazer uma escala que indique os números de rotações do eixo do motor para um sentido e outro. Essa escala indicaria a posição do contato D, isto é, a razão de R_3 a R_1.

Dessa razão pode-se fazer uma nova escala que indique diretamente o R_x. A ponte modificada dessa maneira é ilustrada na Fig. 5-10.

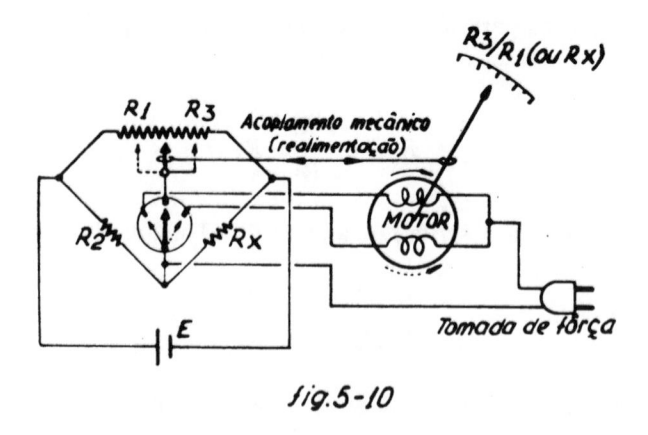

fig.5-10

O instrumento baseado nesse princípio chama-se do tipo *equilíbrio contínuo* ou *continuous null-balance* em inglês.

Princípio de "DYNALOG RESISTANCE":

No DYNALOG da FOXBORO, os componentes ilustrados no princípio de funcionamento da Fig. 5-10 são substituídos por outros componentes mais aperfeiçoados.

O que desempenha a função do galvanômetro com contatos elétricos é o amplificador eletrônico.

R_1 e R_2 são substituídos pelos dois capacitores variáveis C_1 e C_3 do tipo borboleta que é acionado por "um motor a solenóide" no lugar do motor elétrico como na Fig. 5-11.

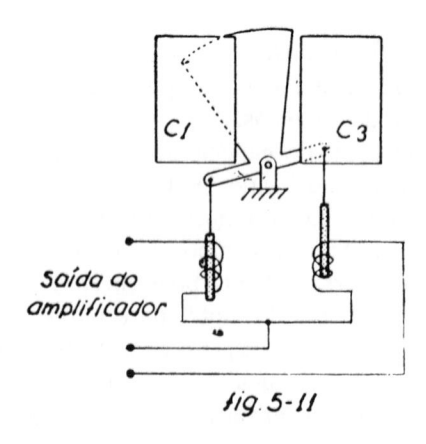

fig. 5-11

A fonte de alimentação da ponte é corrente alternada de 1 000 c/s. O circuito básico do DYNALOG RESISTANCE é ilustrado na Fig. 5-12.

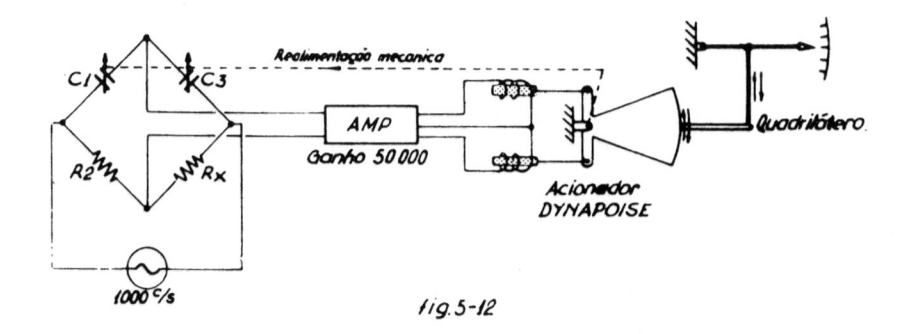

fig. 5-12

As condições de equilíbrio da ponte são:

$$I_1 \left(\frac{1}{2 \pi f C_1} \right) = I_2 R_2$$

$$I_1 \left(\frac{1}{2 \pi f C_3} \right) = I_2 R_r$$

$$\therefore \quad R_r = \frac{C_1}{C_3} \cdot R_2$$

Como se vê da equação, a variação da freqüência de alimentação não afeta a precisão do instrumento.

A precisão do instrumento do tipo *equilíbrio contínuo* pode ser da ordem de 1/20 graus centígrados.

B) "DYNALOG E.M.F."

Princípio do potenciômetro

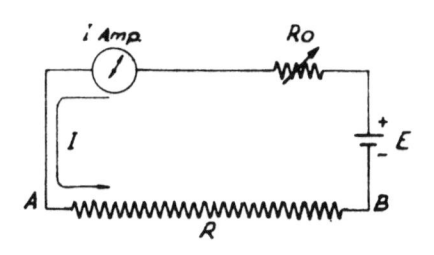

fig. 5-13

Num circuito, como na Fig. 5-13, fluirá uma corrente (I) através de uma resistência variável (R_o) e outra resistência (R) cujo fio está enrolado uniformemente.

O valor da corrente (I) é, pela lei de Ohm,

$$I = \frac{E}{R + R_o}$$

Essa equação demonstra que se pode variar o valor da corrente (I) variando o valor da resistência R_o.

Admita, agora, uma fonte cuja f.e.m. é conhecida (E_s) e conecte essa fonte através de um interruptor (K) e um galvanômetro em oposição à fonte (E), por meio de um contato móvel (C_1), como mostra a Fig. 5-14.

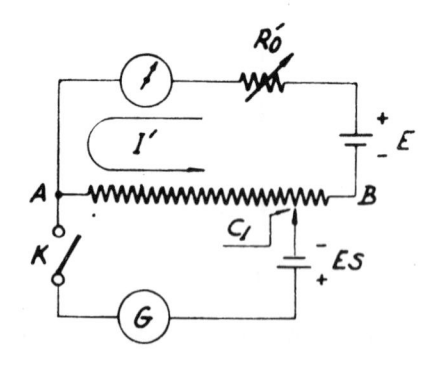

fig. 5-14

Fechando o interruptor K, o galvanômetro deflexionará num sentido ou outro dependendo dos valores de voltagem, E e E_s, e da posição do contato móvel C_1.

Fixando o ponto C_1 e variando o valor de R_o, a corrente também variará e deverá existir um valor da corrente I' onde a voltagem entre AC_1 é igual e oposta à voltagem E_s de maneira a equilibrar o galvanômetro a zero.

A lei de Ohm nesse circuito é

$$I' \times Rac_1 = E_s \text{ ou } I' = E_s/Rac_1 \qquad (1)$$

onde Rac_1 = resistência entre A e C_1

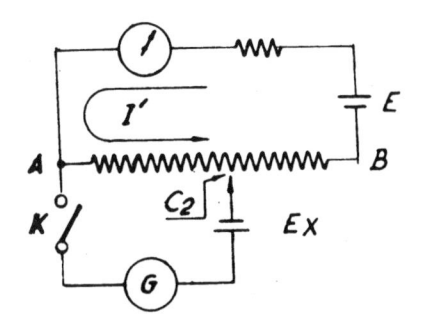

fig.5-15

Note que o valor da E_s já é conhecido e, uma vez que o ponto C_1 é fixado, o valor de R'_0 também é constante.

Agora, retira-se a fonte E_s e coloca-se uma nova fonte E_x cujo valor se deseja conhecer como representa a Fig. 5-15.

A voltagem desconhecida pode ser milivolt de um termopar.

Para obter um equilíbrio no galvanômetro, isto quer dizer, sem nenhuma corrente através da E_x, o contato achará uma outra posição C_2 onde o valor da voltagem entre AC_2 é igual e oposto ao valor da E_x.

Então, a lei de Ohm nesse circuito é:

$$I' \times Rac_2 = E_x$$

$$\text{ou } I' = \frac{E_x}{Rac_2} \qquad (2)$$

onde Rac_2 = resistência entre A e C_2

Das Eqs. (1) e (2), pode-se obter o valor de E_x

$$\frac{E_s}{Rac_1} = \frac{E_x}{Rac_2} \quad \text{ou } E_x = \frac{Rac_2}{Rac_1} E_s$$

Como os valores de E_s e Rac_1 são conhecidos, E_x é diretamente proporcional ao valor de Rac_2, isto é, ao comprimento entre A e C_2, suposto que o enrolamento do fio entre AB seja uniforme.

Para poder comparar as duas fontes, sem remover uma e substituir por outra, coloca-se um interruptor como na Fig. 5-16 (a).

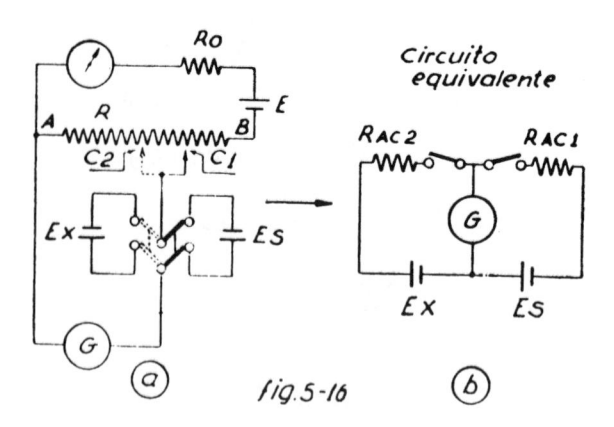

fig. 5-16

Princípio do DYNALOG E.M.F.

No DYNALOG, a comparação de duas fontes não é feita através de resistência R, mas utilizando-se os capacitores.

Referindo-se à Fig. 5-17, quando um capacitor é carregado com uma fonte de corrente contínua, a quantidade de eletricidade armazenada no capacitor, que se chama de *carga* (Q), é o produto da voltagem aplicada e a capacitância do capacitor, isto é:

$$Q = C \times E$$

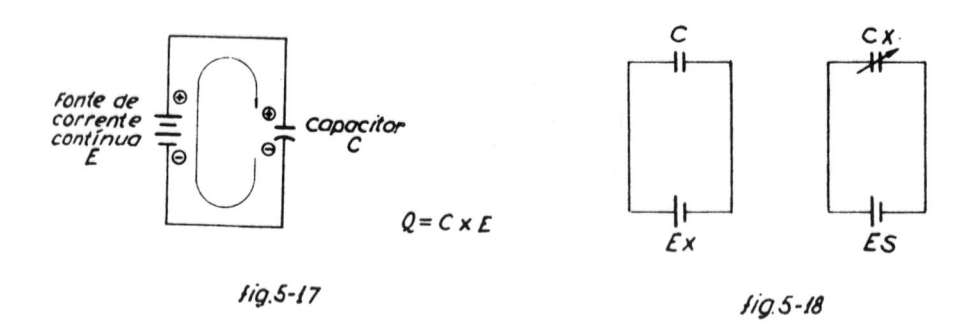

fig. 5-17

fig. 5-18

No DYNALOG a f.e.m. medida é carregada num capacitor fixo e a f.e.m. conhecida é carregada em outro capacitor variável como mostra a Fig. 5-18.

Para comparar as duas cargas obtidas dessa maneira, coloca-se um galvanômetro como na Fig. 5-19, que é muito semelhante à Fig. 5-16 (*b*).

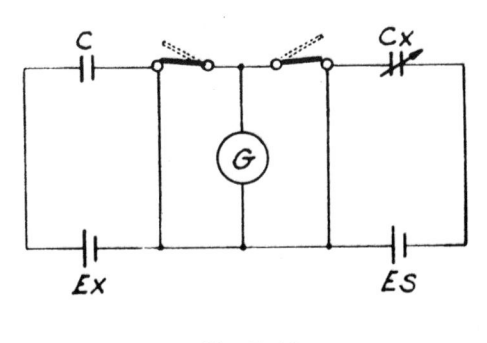

fig. 5-19

Suponha circuitos equivalentes aos da Fig. 5-19, porém sem as duas f.e.m., com vários valores de cargas Q_x. Esses circuitos são ilustrados nas Figs. 5-20 (a), (b) e (c).

Como se vê na Fig. 5-20 (a), quando as duas cargas são iguais não haverá corrente entre A e B, portanto não há potencial através da resistência R.

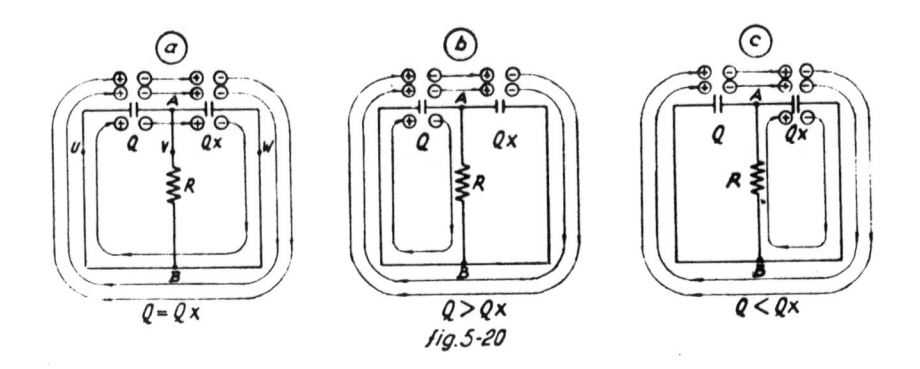

fig. 5-20

No caso (b), onde a carga Q é maior que a carga Q_x, haverá uma corrente no circuito à esquerda como mostra a figura e conseqüentemente um potencial através do resistor R.

O caso (c) é ao contrário do caso (b).

Em todos os casos, as cargas transitarão e eventualmente os capacitores ficarão descarregados.

Para carregar os capacitores de novo, abre-se o circuito e coloca-se um interruptor reversível de 3 pólos nos pontos U, V e W, como na Figura 5-21 (a), e conecta-se os capacitores às suas fontes próprias quando o interruptor está fechado em um lado como representa a Fig. 5-21 (a).

Invertendo o interruptor a outro lado, como na Fig. 5-21 (*b*), os capacitores descarregarão e aparecerá um potencial, que representa uma diferença entre as duas fontes, através do resistor R como já explicou-se na Fig. 5-20.

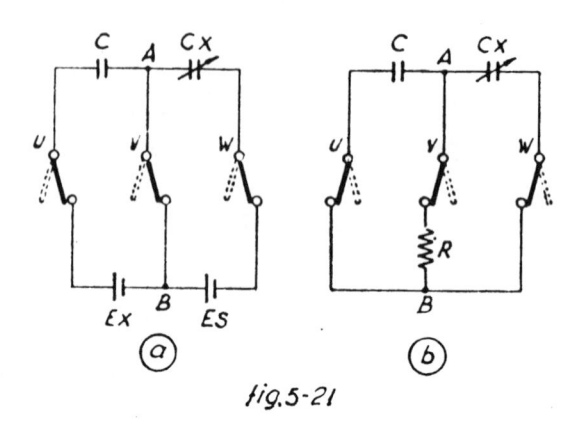

$$fig. 5\text{-}21$$

Essa diferença do potencial através do resistor R é amplificada eletronicamente e a saída do amplificador procura obter uma posição do capacitor variável C_x para sempre manter essa diferença a zero ou o potencial através do R a zero.

A posição do capacitor C_x é, ao mesmo tempo, sem dúvida nenhuma uma indicação do potencial desconhecido E_x, pois existe a seguinte relação quando obtém-se $Q = Q_x$:

$$\left.\begin{array}{l} Q \ = C \cdot E_x \\ Q_x = C_x \cdot E_s \end{array}\right\} \quad CE_x = C_x E_s$$

$$\therefore E_x = C_x \left(\frac{E_s}{C}\right)$$

Como os valores de E_s e C são fixos, a f.e.m. é diretamente proporcional à capacitância C_x.

O que desempenha a função de inverter a polaridade do interruptor na Fig. 5-21 é um vibrador eletromagnético síncrono (*chopper* em inglês) excitado pela corrente da linha. O vibrador tem uma outra função importante, isto é, um conversor de corrente contínua para corrente alternada. Isto porque amplificação direta da corrente contínua é sujeita a muita interferência e instabilidade. Na Fig. 5-22 representa-se o vibrador.

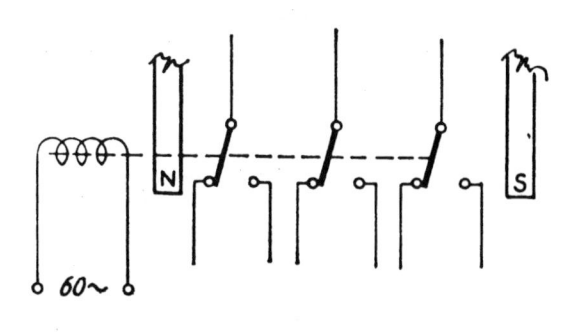

fig.5-22

O funcionamento de equilíbrio contínuo do DYNALOG E.M.F. é praticamente idêntico ao do DYNALOG RESISTANCE já explicado.

Porém, há uma ressalva a fazer. Isto é, a impedância ou resistência da
entrada do aparelho. Na medida de pequena f.e.m. é muito importante a resistência interna do medidor. Esse fato é exemplificado na Fig. 5-23.

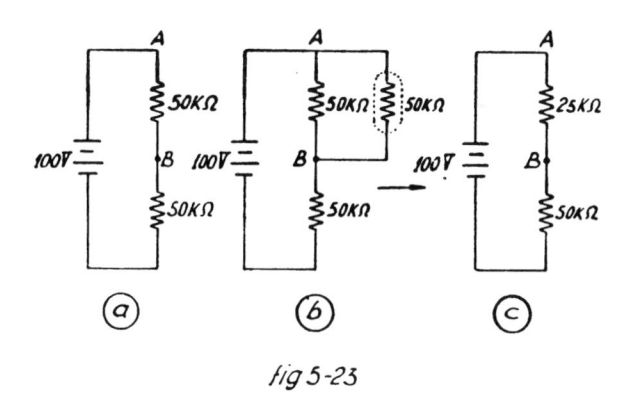

fig 5-23

No circuito da Fig. 5-23 (*a*), é óbvio que a queda de potencial entre *A* e *B*
seja 50 V.

Se colocarmos um medidor portátil com a escala de 50 V entre *A* e *B*,
cuja sensibilidade é 1 000 Ω /V por exemplo, a resistência interna do medidor
seria 1 000 Ω /V × 50 V = 50 000 Ω.

Vê-se, então, que o circuito equivalente desse circuito com o medidor ficará como na Fig. 5-23 (*c*) e pela lei de Ohm a queda de tensão através de *AB*
é somente um terço da queda total. Isto é, 33,3 V, e evidentemente está falso.

No DYNALOG E.M.F. a resistência de entrada do amplificador é muito alta para eliminar esse defeito. A Fig. 5-24 exemplifica esse fato.

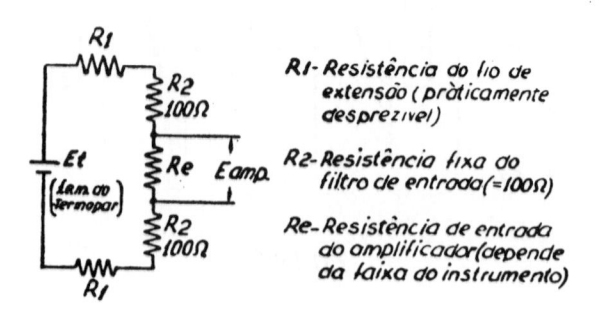

fig. 5-24

Supondo-se R_e de 4 M Ω (megaohms), por exemplo, a f.e.m. de entrada no amplificador, E_{amp}, é:

$$E_{amp} = E_t \times \left(\frac{\text{Valor de } R_e}{\text{Valor total das resistências do circuito}} \right)$$

$$= E_t \times \frac{4\,000\,000}{4\,000\,200} \qquad = E_t \times \frac{20\,000}{20\,001}$$

$$= \text{praticamente é } E_t$$

Por essa razão o amplificador é isento do erro exposto acima.

Supondo-se um DYNALOG com uma faixa de 1 mV com a resistência de entrada de 100 000 Ohms a sensibilidade é

$$\frac{1\,000\,000\ \Omega}{0,001\ V} = 100\ M\Omega/V$$

CAPÍTULO VI

VÁLVULAS DE REGULAÇÃO

Função da válvula de regulação

A parte executiva de uma regulação está confiada ao elemento final. É ele o veículo por intermédio do qual o regulador corrige o erro acusado pela tomada de impulso.

Em 90% dos casos ocorrentes na indústria química, o elemento final é constituído por uma válvula automática de regulação.

Praticamente em regulação de temperatura são muito usadas as resistências elétricas como o elemento final.

SECÇÃO (1)

PRINCÍPIO DE FUNCIONAMENTO

A válvula de regulação é constituída de uma parte superior chamada *motor* e uma parte inferior denominada *corpo*.

O motor é a parte da válvula que recebe o sinal pneumático do regulador, tendo no seu interior uma câmara com uma membrana flexível e uma mola que segura a membrana.

O corpo da válvula está colocado na tubulação por onde passa o produto cuja variável se quer regular. Internamente consiste de uma restrição chamada sede da válvula. Uma haste presa à membrana de um lado possui em sua extremidade um obturador que opera na sede da válvula.

Resumindo a descrição acima, pode-se representar uma válvula de regulação como na Fig. 6-1 (a).

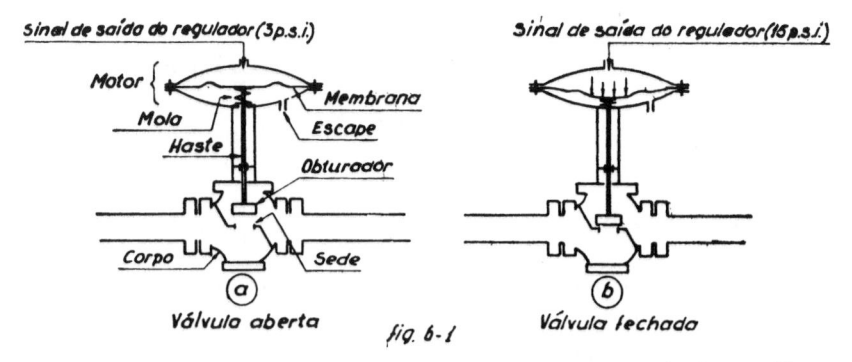

fig. 6-1

A Fig. 6-1 mostra uma válvula que normalmente está aberta ("normalmente" quer dizer, no caso, sem pressão de ar no motor), pois a mola mantém a membrana nessa posição.

Se a pressão de ar sobre a membrana aumentar, agirá uma força nela que vencerá a força da mola e a membrana moverá a haste, obrigando o obturador a fechar a sede como mostra a Fig. 6-1 (*b*).

Se a mola e a superfície da membrana forem calculadas para que, com 3 p.s.i., a membrana comece a abaixar e com 15 p.s.i. esteja fechada, então, entre 3 e 15 p.s.i. a válvula estará nas posições intermediárias.

Na realidade a construção da válvula de regulação é bastante complexa e delicada como exemplificada tipicamente na Fig. 6-2.

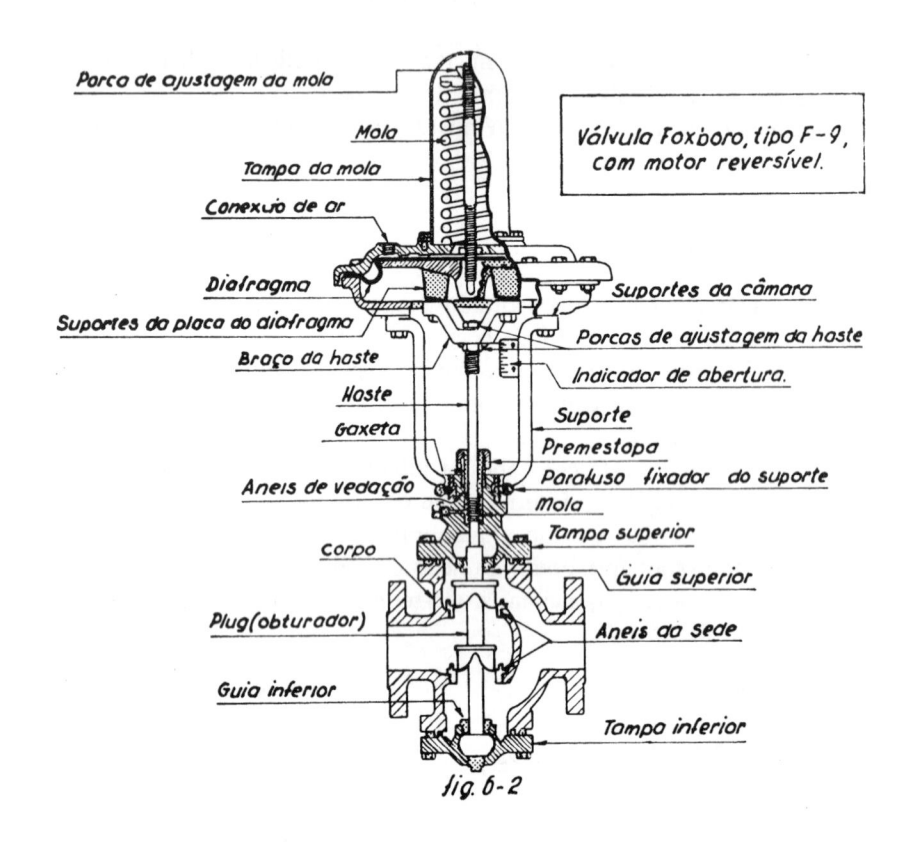

fig. 6-2

Mola e percurso da válvula

A mola do motor deve ser calculada com muito cuidado, pois não só a pressão do ar no diafragma mas também a contrapressão do fluido, a fricção entre gaxeta e haste e outros atritos estarão agindo pró ou contra a força da mola. Normalmente essas forças devem ser levadas em consideração no cálculo preciso da mola.

Vejamos as forças que agem sobre a mola. Consideraremos somente a força exercida pela pressão do ar no diafragma com uma área de 400 cm² e o curso da haste de 4 cm como mostra a Fig. 6-3, desprezando para efeito de simplificação do cálculo as forças de atrito e contrapressão.

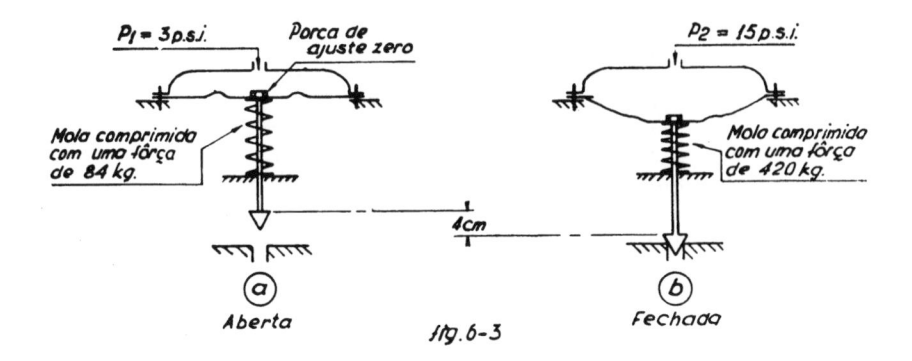

Fig. 6-3

Para que o obturador esteja na extremidade superior com 3 p.s.i. ($=0,21$ kg/cm²) de pressão do ar, a força da mola para equilibrar com essa pressão do ar deve ser

$$F_1 = P_1 \times \text{Área} = 0,21 \times 400 = 84 \text{ kg}$$

Quando o obturador está na outra extremidade como na Fig. 6-3 (b) com 15 p.s.i. ($=1,05$ kg/cm²) de pressão do ar, a força é

$$F_2 = P_2 \times \text{Área} = 1,05 \times 400 = 420 \text{ kg}$$

Vê-se então, que para 1 cm de percurso, há um aumento de

$$\frac{420 - 84}{4} = \frac{336}{4} = 84 \text{ kg de força}$$

Para que a haste inicie o movimento com a pressão de 3 p.s.i. a mola deve estar em equilíbrio com uma força igual a 84 kg, nesse caso, força essa ajustável pela porca de ajuste de zero.

O exemplo mostra que, na válvula de regulação, o que determina o início do percurso é a pré-compressão da mola pela porca de ajuste. A distância percorrida pela haste não pode ser alterada a não ser que a mola seja substituída por outra.

A Tab. 6-1 mostra um exemplo de relação entre a força obtida pelo motor a 1,05 kg/cm² de pressão de ar, seu percurso e o tempo necessário de abertura ou de fechamento.

TABELA 6-1

Tipo do motor	Área eletiva	Fôrça disponível	Percurso máximo	Tempo
Nọ 6	258 cm²	290 kg	¾ "	2 seg
8	645	700	1 ½	6
10	678	820	2	14
160	1030	1400	4	14

Normalmente emprega-se o motor simples para o tamanho máximo de corpo de 6". Para um corpo maior emprega-se um cilindro ou sistema hidráulico.

SECÇÃO   (2)

TIPOS DE VÁLVULAS

De acordo com o percurso, deve-se escolher o tipo de válvulas que mais se adapta às suas necessidades.

Uma válvula automática tem duas ações principais, que a caracterizam:

(a)   Com respeito à haste
(b)   Com respeito ao ar

Baseando-se nessas duas ações, pode-se ter quatro tipos diferentes de válvulas, conforme mostra a Fig. 6-4.

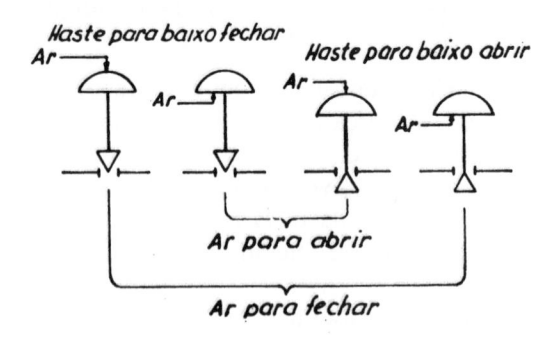

fig. 6-4

Existem válvulas de regulação construídas de tal maneira que, dependendo das necessidades do processo a regular, pode-se mudar as posições relativas de algumas peças para se obter qualquer uma destas quatro possibilidades.

O exemplo da Fig. 6-5 mostra como mudar as ações utilizando um motor reversível e a Fig. 6-6 mostra a mudança de ações invertendo as sedes.

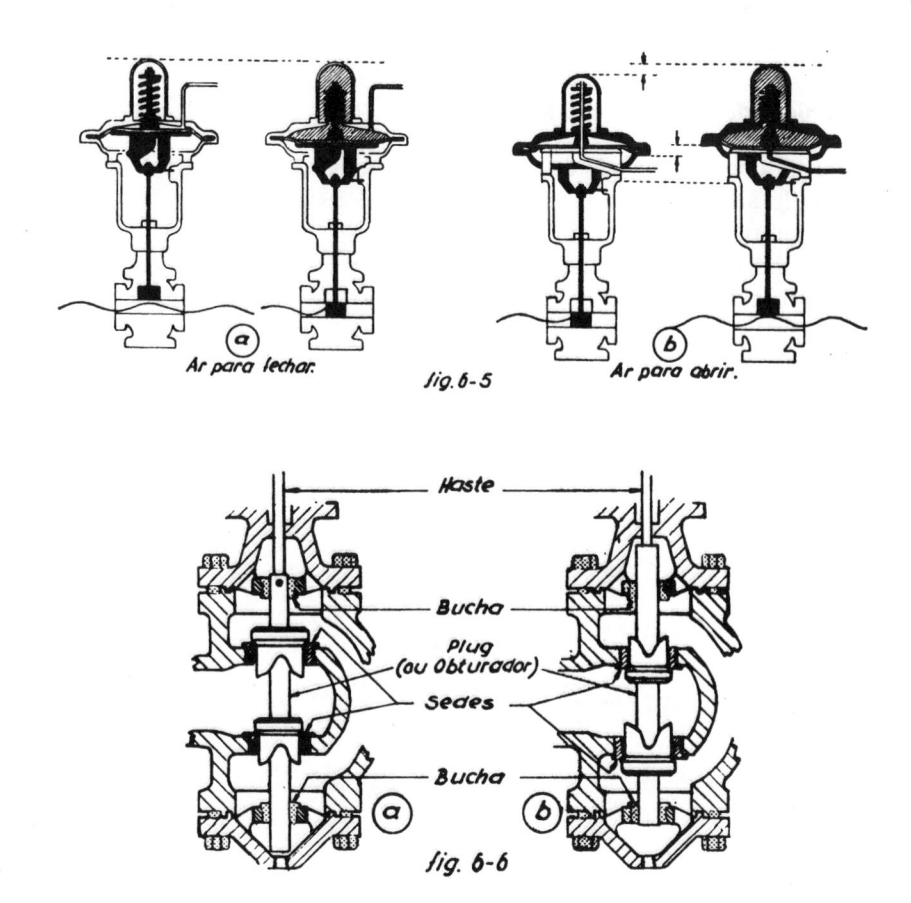

Ar para fechar.   fig. 6-5   Ar para abrir.

fig. 6-6

Ar para abrir ou ar para fechar

A válvula de regulação fechará ou abrirá totalmente no caso da falta de ar no seu motor dependendo do tipo do motor. A escolha da ação de uma válvula entre os dois depende do fator de segurança no processo.

Por exemplo, a válvula de alimentação de óleo combustível de um forno de aquecimento deve fechar no caso da falta de ar, para evitar o possível superaquecimento ou explosão, se houver ausência de chama. A válvula *by-pass* na aspiração de um compressor deve abrir no caso da falta de ar, para evitar a formação do vácuo na sucção. Uma válvula de entrada de um reservatório, que nunca pode ser esvaziado, deve abrir com a falta de ar.

Existe um tipo de válvula de retenção (*airlock*) colocada na linha de ar modulado para a válvula que mantém a pressão existente do ar no motor na falta do mesmo, mas cuja utilização deve ser bem estudada antes da sua colocação.

Válvula de sede simples e de dupla sede

Existe uma modalidade de válvula que se adapta muito bem à linha onde existe fluido à alta pressão e, apesar de especial, esse é um caso bem freqüente numa indústria química.

Suponha uma válvula de regulação comum com a membrana de 20 cm de diâmetro e o obturador de 5 cm de diâmetro.

Essa válvula está colocada em uma tubulação por onde passa um fluido com 100 kg/cm² de pressão (P_1) como mostra a Fig. 6-7.

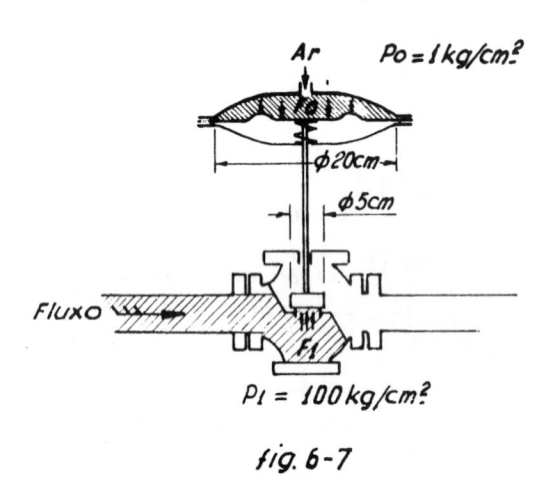

fig. 6-7

Como já se viu, a ação do obturador está condicionada ao movimento do diafragma e esse à pressão de ar que recebe.

Considerando-se que a máxima pressão do sinal pneumático do regulador (P_o) é de 1 kg/cm² (aproximadamente igual a 15 p.s.i.) obtém-se a área do diafragma (A_o) igual a:

$$A_o = \frac{D_o{}^2 \times 3,14}{4} = \frac{4}{20 \times 20 \times 3,14} = 314 \ (cm^2)$$

A força exercida para baixo pelo diafragma é:

$$F_o = P_o \times A = 1 \text{ kg/cm}^2 \times 314 \text{ cm}^2 = 314 \text{ kg}$$

A área do obturador (A_1) é:

$$A_1 = \frac{D_1^2 \times 3,14}{4} = \frac{5 \times 5 \times 3,14}{4} = 20 \text{ (cm}^2)$$

Portanto, a contraforça exercida pelo obturador para cima é:

$$F_1 = P_1 \times A_1 = 100 \text{ kg/cm}^2 \times 20 \text{ cm}^2 = 2\,000 \text{ kg}$$

Observa-se, pois, que essa válvula jamais conseguirá impedir a passagem do fluido, pois exerce uma força insuficiente sobre o obturador para fechar. Poder-se-ia aumentar o diâmetro do diafragma, mas isso redundaria num motor enorme com um consumo de ar comprimido maior e sem boa precisão na regulação.

Por essa razão a válvula de sede simples é utilizada onde a queda de pressão através da mesma é pequena e para pressões não flutuantes.

O sentido do fluxo deve ser para forçar a abertura da válvula. Se não, acontecerá instabilidade ou trepidação entre a sede e o obturador (chattering) na ocasião em que a válvula trabalhar com uma pressão diferencial grande, isto é, quando o obturador estiver regulando o fluxo quase na posição fechada.

Esse problema é sanado satisfatoriamente pela chamada *válvula de dupla sede* como ilustrado na Fig. 6-2.

Como se percebe claramente da Fig. 6-8, a pressão do fluido que passa pela sede da válvula não faz nenhuma força no sentido de deslocar a haste,

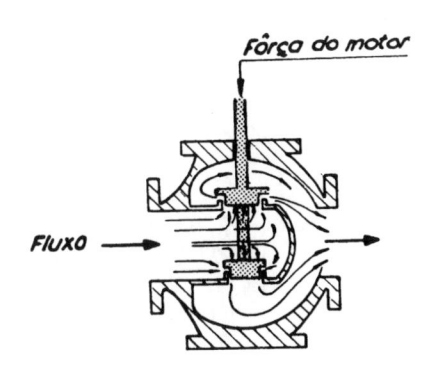

fig. 6-8

pois tanto a empurra para cima, como a puxa para baixo. Na realidade, existe uma pequena diferença entre os diâmetros das sedes superior e inferior, para poder montar e desmontar através das duas sedes, portanto, tem uma pequena força que atua contra a força do motor. O exemplo da Fig. 6-6 *(a)* mostra que a sede superior é maior que a sede inferior.

Essas válvulas são acertadamente chamadas *válvulas de equilíbrio de pressão*. Com uma pequena diferença de pressão no diafragma do motor, consegue-se facilmente, como nas válvulas comuns, mover sua haste, isto devido ao equilíbrio de pressão existente entre as suas duas sedes.

Esse tipo de válvula é bastante usado, devido à sua maior sensibilidade ao sinal pneumático. Apresenta, porém, a desvantagem de nunca proporcionar uma vedação perfeita, pois há necessidade de fazer duas vedações a um só comando do diafragma e a qualquer dilatação ou contração desigual de uma das partes vedantes (sedes ou obturadores) ou entre o corpo e os vedantes ter-se-á um vazamento.

O vazamento da válvula de dupla sede bem ajustada é da ordem de ± 0,5% da vazão máxima. Porém, normalmente pode-se esperar um vazamento de 2% da vazão máxima.

Geralmente, a fim de se evitar muito vazamento, usa-se outra válvula logo após a válvula de dupla sede.

Normalmente, a válvula de dupla sede é feita para tamanho igual ou maior a 2″, pois a passagem dessa válvula é muito maior do que a da válvula de sede simples com o mesmo curso da haste. Não se pode diminuir muito o curso da haste, pois isso sacrificaria a sensibilidade da válvula.

As guias do obturador

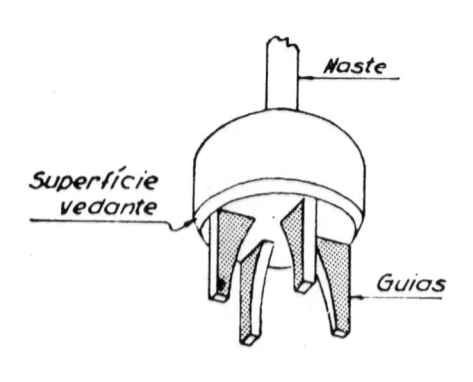

fig. 6-9

O obturador que é movimentado pela haste pode ter guias:

(a) em cima da haste somente

(b) em cima e em baixo do próprio obturador como na Fig. 6-2

(c) no próprio obturador como mostra a Fig. 6-9 *(skirt-guided)*

Costuma-se utilizar o sistema (b) para uma grande pressão diferencial através do assento para evitar vibração e esforço lateral pelo fluxo. Por exemplo, quando a pressão diferencial excede 15 ata deve-se utilizar esse sistema na dupla sede para garantir boa vedação. Normalmente as válvulas de igual porcentagem utilizam esse sistema (b).

Material do corpo e do obturador

Tanto o corpo como o equipamento de uma válvula de regulação podem ser feitos de vários materiais tais como bronze, ferro fundido, aço fundido, aço inox, outras ligas e ainda de material plástico.

O material do corpo deve ser escolhido considerando-se a erosão e a corrosão do fluido e as condições de trabalho.

Existem as tabelas que especificam as condições máximas de trabalho das válvulas. Note que as condições dependem do material e da pressão máxima admissível à temperatura de serviço. Por exemplo, uma válvula fundida em aço carbono com as conexões flangeadas de 150 lbs. ASA serve para uma pressão de 200 p.s.i para temperaturas até 150°C.

Porém, quando a temperatura atinge 350°C, por exemplo, a mesma válvula só pode ser usada para pressões menores que 100 p.s.i.

Para fluidos erosivos ou abrasivos empregam-se Stellite ou aço com cimentação superficial e para fluidos corrosivos existem vários materiais tais como Hastelloy, Monel, Durimet, etc.

As conexões das válvulas de regulação podem ser rosqueadas ou flangeadas. As conexões rosqueadas são geralmente fornecidas até o φ de 2″ no máximo e têm a vantagem de serem mais leves do que válvulas flangeadas do mesmo tamanho.

SECÇÃO (3)

EXEMPLOS DE VÁLVULAS DE REGULAÇÃO

Um dado importante numa válvula de regulação é a "curva característica" que relaciona a vazão e a abertura da mesma.

(1) Válvula de característica on-off

É o tipo mais simples de todas também, chamado de *abertura rápida*. O obturador já ilustrado na Fig. 6-9 é exatamente desse tipo, e sua curva característica é representada na Fig. 6-10.

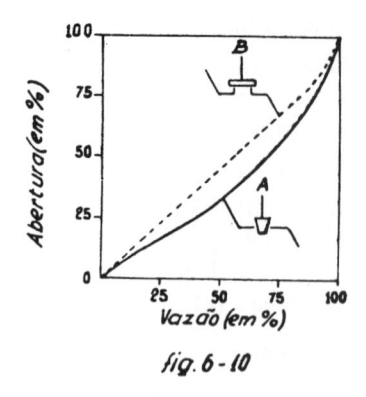

fig. 6 - 10

Válvulas manuais do tipo globo comumente usadas que possuem a forma chanfrada também têm característica semelhante a essa. Esse tipo de válvula é adequado para uma regulação *on-off,* regulação de pressão ou de nível de um processo de grande capacitância ou como uma válvula de isolação do fluxo onde a vedação perfeita é o primeiro requisito.

Como se vê, da Fig. 6-10, a relação entre abertura e vazão é praticamente linear até 50% de abertura.

À medida que a abertura vai aumentando não aumenta por mais que a válvula abra. Isto é um fenômeno de saturação ou diminuição de sensibilidade da válvula. Por isso não é adequado para estrangular o fluxo.

(2) **Válvula de característica igual porcentagem**

STABIFLO *wide range* ilustrada na Fig. 6-2 é um exemplo típico desse tipo.

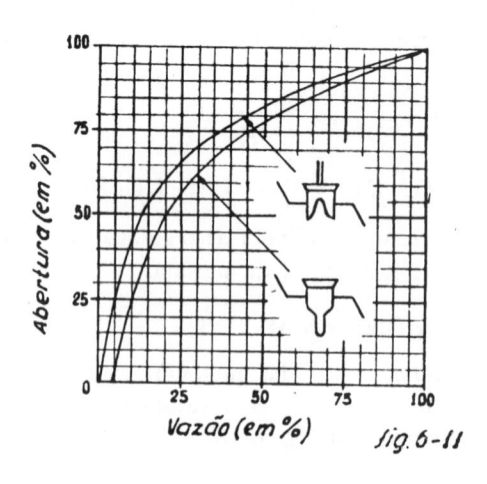

fig. 6-11

É uma das válvulas mais perfeitas e mais usadas na regulação automática do processo.

Para cada unidade de abertura, esse tipo deixa passar uma quantidade a mais, proporcional à vazão do fluido que está passando por ela. Isto é um aumento de sensibilidade da válvula com o aumento da abertura.

Como mostra a Fig. 6-11 a curva característica desse tipo é representada em:

$$\text{Vazão} = Ke^a$$

onde K = uma constante que determina a largura da faixa de trabalho da válvula; e = uma constante; a = curso da haste (ou abertura da válvula).

Para explicar o funcionamento da STABIFLO, costuma-se traçar a curva no coordenado monologarítmico como mostra na Fig. 6-12.

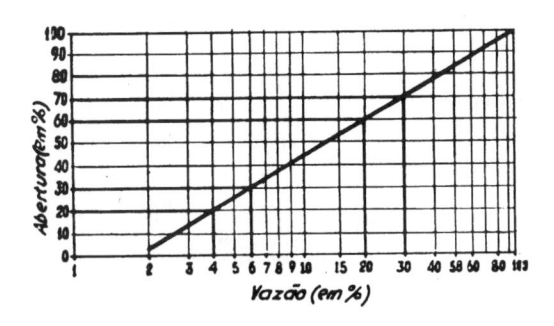

fig. 6-12.

O funcionamento desse tipo é o seguinte: suponha um fluxo de 4 m³/h com a abertura de 20%. A válvula abrindo 10% a mais deixa passar mais 50%, ou seja, mais 2 cm³/h, passando agora no total a 6 m³/h.

Se o fluxo estiver em 20 m³/h com a abertura de 60% e essa mesma válvula abrir outra vez 10% a mais, deixará agora passar mais 10 m³/h, isto é, 30 m³/h.

A válvula deixa passar a mesma porcentagem de vazão para uma mesma variação da abertura ao longo de todo o curso da haste.

Por isso chama-se válvula de igual porcentagem.

A existência desse tipo de válvula se justifica pelo seguinte exemplo: o processo é sensivelmente afetado por uma variação de vazão de 4 para 6 m³/h, enquanto que quase nada é afetado no mesmo processo quando a variação de vazão passa de 20 a 22 m³/h. Isso porque no primeiro caso a vazão aumentou de 2 m³/h correspondente a 50% da vazão inicial, enquanto no segundo caso a vazão aumentou de 2 m³/h correspondente a somente 10% da vazão inicial.

Por essas razões, esse tipo da válvula é adequado para:

(a) o regulador proporcional com ampla faixa de trabalho

(b) o processo de pequena capacitância

(c) o processo onde a carga é muito variável, por exemplo, na regulação de pressão de vapor da caldeira quando o consumo é muito variável

(d) a regulação de vazão, de temperatura e de nível em geral

(e) a regulação de razão de vazões *(ratio control)*

(f) processos que necessitam da relação de fluxos diversos. Por exemplo, na STABIFLO consegue-se regular os fluxos que variam na razão de 1:50.

Ao lado das suas vantagens tem a desvantagem de ser uma confecção cara. Também não é adequado para os fluidos sujos, pois o acúmulo de sujeiras no plug altera completamente a sua característica.

(3) Válvula de agulha

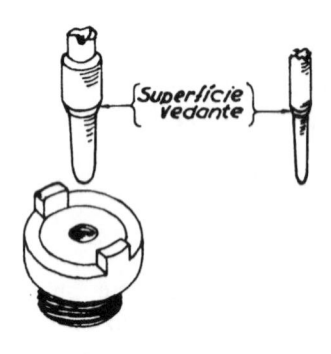

fig.6-13

Como mostra a Fig. 6-13 o obturador dessa válvula acompanha um perfil da curva parabólica apontada.

A característica dessa válvula é praticamente idêntica à STABIFLO. Desse tipo consegue-se regular os fluxos que variem na razão até 1 a 35.

É usada somente para a regulação delicada de fluxos pequenos ou de alta pressão, pois a pequena área de passagem significa pequena contrapressão.

O diâmetro de passagem varia de 0,5 a 25 mm normalmente.

O motor desse tipo de válvula deve ser de ação reversível, pois a inversão no obturador não é possível.

(4) Válvula de característica linear

Numa válvula cujo obturador possui uma passagem de forma em V ou quadrada, a relação entre a vazão e a abertura é praticamente proporcional, como mostra a Fig. 6-14.

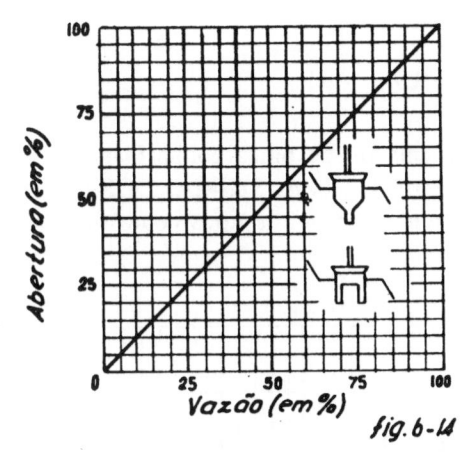

fig. 6-14

Esse tipo de válvula é adequado para um regulador proporcional de faixa estreita, cuja banda proporcional máxima é de 25%, ou para um processo com capacitância média onde as condições de trabalho não variam muito. Por exemplo, para um fluxo que varie na razão de 3 a 1 pode-se utilizar esse tipo que é certamente mais econômico do que o tipo de igual porcentagem.

(5) Válvula de plug parabólico modificado

Nos fluxos de alta velocidade com uma grande perda de carga o plug comum de igual porcentagem em V pode trazer um efeito rotativo e uma grande turbulência.

Nesse caso é recomendado utilizar esse tipo, como mostra a Fig. 6-15.

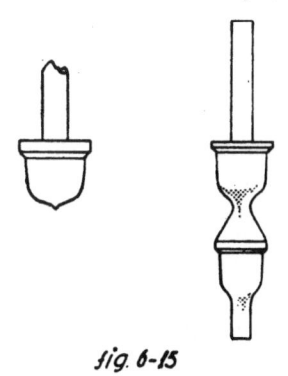

fig. 6-15

Sua curva característica é praticamente igual à do tipo igual porcentagem (ver a Fig. 6-11). A maior vantagem desse tipo de válvula em comparação com o tipo ilustrado na Fig. 6-2 é de ter menor possibilidade de alteração da sua característica pelo acúmulo de sujeiras no plug.

(6) Válvula SAUNDERS

Válvulas de diafragma ou de pinça conhecidas por vários nomes comerciais tais como SAUNDERS, CIVA, SIGMA, DOSAPRO, etc. possuem uma característica bem diferente dos outros tipos como se representa na Fig. 6-16.

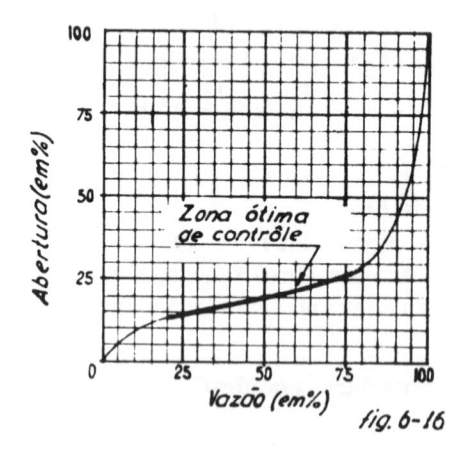

fig. 6-16

Como se vê, esse tipo de válvula mostra um fenômeno de saturação acima de 30⁰/₀ da abertura. Portanto, para obter boa sensibilidade, deve-se usá-lo com a abertura abaixo de 30⁰/₀.

Senão, deve-se mudar a banda proporcional do aparelho conforme a abertura para manter a sensibilidade global do sistema regulador. É preferível empregar o posicionador para esse tipo da válvula para assegurar a abertura adequada na regulação proporcional.

Esse tipo de válvula é adequado para os fluidos contendo abrasivos, polpa, *slurry,* ou mesmo corrosivos, com emprego do material apropriado para seu diafragma. Porém a curva característica é sujeita a ser modificada em conseqüência da deformação do diafragma.

(7) Válvula borboleta

Ao contrário da impressão que se tem pelo seu formato simples a sua característica é semelhante à de igual porcentagem.

Porém, seu funcionamento é muito influenciado pela perda de carga na linha do processo.

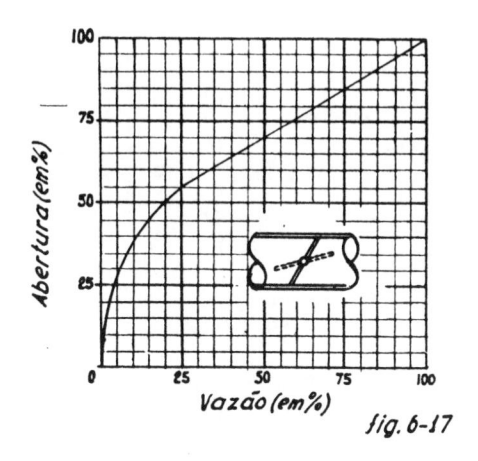

fig. 6-17

Portanto, esse tipo é utilizado nas tubulações grandes, onde a perda de carga mínima é desejada.

(8) Válvula de três vias

Válvula de três vias é uma válvula que desempenha as funções de duas válvulas num só corpo de válvula.

Esse tipo é empregado nos seguintes casos:

(a) Distribuir um fluxo a uma tubulação ou a outra
(b) Proporcionar a mistura dos dois fluxos

Para o primeiro caso emprega-se um obturador do tipo tudo-ou-nada e para o segundo o tipo parabólico ou asteróide.

SECÇÃO (4)

OS ACESSÓRIOS DA VÁLVULA DE REGULAÇÃO

(1) Gaxetas e lubrificadores

O emprego de uma gaxeta adequada é muito importante para uma válvula de regulação, especialmente quando se trata de fluidos corrosivos. Vazamento de um fluido corrosivo ou gaxeta inadequada podem danificar a haste da válvula de regulação cujo diâmetro é rigorosamente dimensionado (da ordem de 10^{-3} mm) com uma superfície perfeitamente retificada.

Existem dois tipos de gaxetas comumente usados como ilustrado na Fig. 6-18.

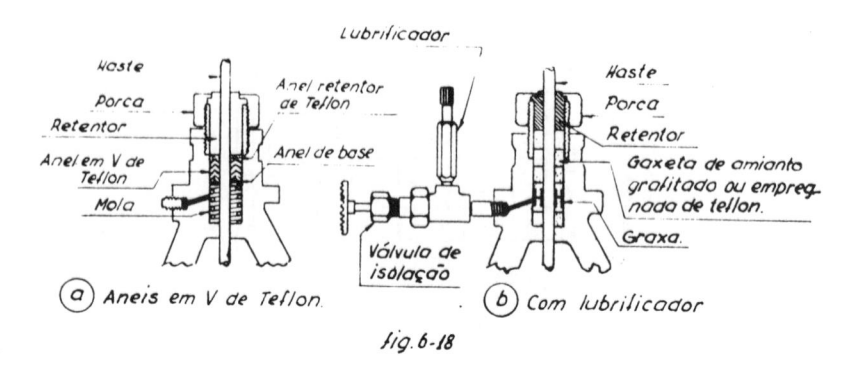

fig. 6-18

No sistema *(a)*, o uso da mola é indispensável.

Quando se adota o sistema *(b)*, deve-se escolher a graxa adequada para o fluido corrosivo.

Como um caso especial, cita-se a vedação por fole (*bellows seal,* em inglês). Esse sistema é utilizado para evitar vazamento de fluidos tóxicos, explosivos ou custosos, ou para uma pressão de serviço negativa. Normalmente junto com o fole são colocados gaxetas e premestopas.

(2) Premestopa

Existem três tipos de premestopa: liso, prolongado e com radiador.

Utiliza-se o premestopa prolongado até 250 mm de comprimento quando a temperatura de serviço é maior que 230°C ou menor que —5°C (até —100°C). A função do mesmo é evitar a transmissão de calor ou acúmulo de gelo na haste ou na gaxeta utilizando maior área de dissipação de calor no premestopa.

O premestopa com aletas de radiação é usado para dissipar melhor o calor (temperatura maior que 230°C e menor que 320°C).

(3) Posicionador

O posicionador compara o sinal emitido do regulador com a posição da haste da válvula e alimenta na cabeça (no motor) da válvula a pressão de ar necessária para manter a válvula na abertura certa.

Emprega-se o posicionador montado na válvula de regulação nos seguintes casos:

(a) Para diminuir o atrito na haste da válvula, por exemplo, quando não existe uma graxa adequada ou quando a gaxeta é comprimida com uma grande pressão para evitar vazamento de fluidos.

O posicionador suprirá a pressão de alimentação (20 p.s.i., por exemplo) no motor para vencer o atrito, se for o caso.

(b) Para a válvula de sede simples.

Quando varia a pressão exercida no obturador de uma sede simples em funcionamento, o posicionador recoloca a válvula na abertura certa.

(c) Para diminuir o atraso na resposta do motor de grande capacidade ou distante do controlador. Isto porque o posicionador fornece mais volume de ar do que a ligação direta do controlador. O emprego do posicionador pode diminuir o tempo de resposta a 1/5 da ligação direta.

(d) Para diminuir o atrito no obturador provocado pelo fluido viscoso ou gomoso e pela sedimentação.

(e) Para inverter a ação do regulador.

(f) Para modificar a faixa do sinal do regulador. Por exemplo, uma válvula de regulação com o motor cuja faixa de pressão é de 10 a 30 p.s.i não poderia funcionar em conjunto com um regulador cujo sinal de saída é de 3 a 15 p.s.i. O posicionador pode receber o sinal de 3 a 15 p.s.i. e emitir o sinal de 10 a 30 p.s.i. nesse caso.

O princípio de funcionamento

Um posicionador consiste de um fole que recebe o sinal do regulador, uma alavanca que transmite a posição da haste ao fole e um sistema de conjunto bocal-palheta-relê piloto, formando um sistema fundamental como qualquer sistema pneumático.

Ele é ilustrado na Fig. 6-19.

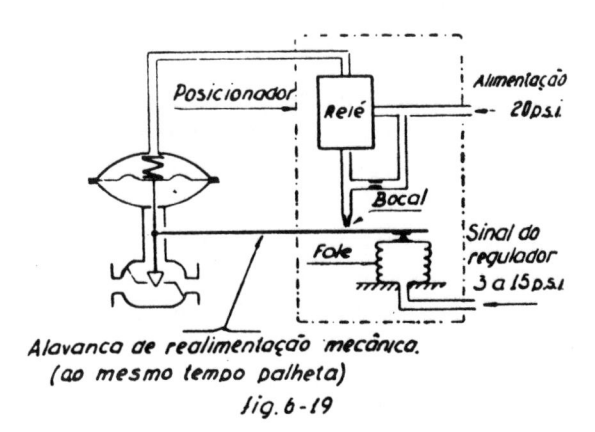

Alavanca de realimentação mecânica.
(ao mesmo tempo palheta)

fig. 6-19

Como se vê, para um aumento de pressão no sinal de saída do regulador o fole expande e fecha o bocal. Conseqüentemente aumenta a pressão de ar no motor da válvula. A haste que está fixada na membrana do motor desce.

Por outro lado, uma alavanca fixada na haste afasta o anteparo do bocal diminuindo a pressão de ar no motor e o sistema equilibra-se num ponto mantendo sempre uma posição correta da haste correspondente a uma pressão do sinal do regulador.

Para a diminuição em pressão do sinal do regulador o raciocínio ao contrário é válido.

Os posicionadores podem ser classificados, baseados no princípio de equilíbrio de posição ou de forças, em dois tipos:

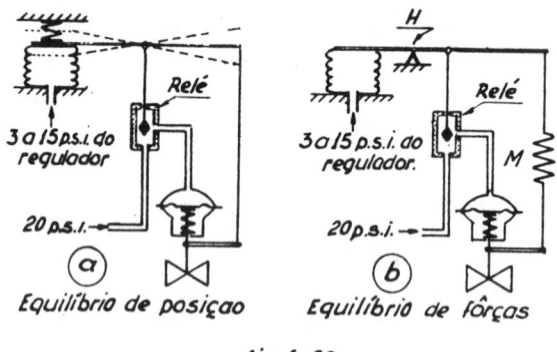

fig. 6-20

Na Fig. 6-20 (a), o sinal do regulador converte-se em posição do fole. O deslocamento do fole causa alteração na pressão de saída do relê, portanto na posição da haste da válvula. Qualquer desequilíbrio entre a posição do fole e a da haste é cancelado por meio do relê piloto e o sistema manterá o equilíbrio.

No equilíbrio de forças da Fig. 6-20 (b) o fole receptor exerce uma força correspondente à pressão do regulador sobre uma extremidade da alavanca H apoiada num pivô. Por outro lado a posição da haste da válvula é transformada em uma força através de uma mola M, e essa força é aplicada em oposição à força do fole na outra extremidade da alavanca H. Qualquer desequilíbrio entre essas duas forças será cancelado por meio de um relê.

Exemplo de posicionador

Valvactor Tipo C (FOXBORO)

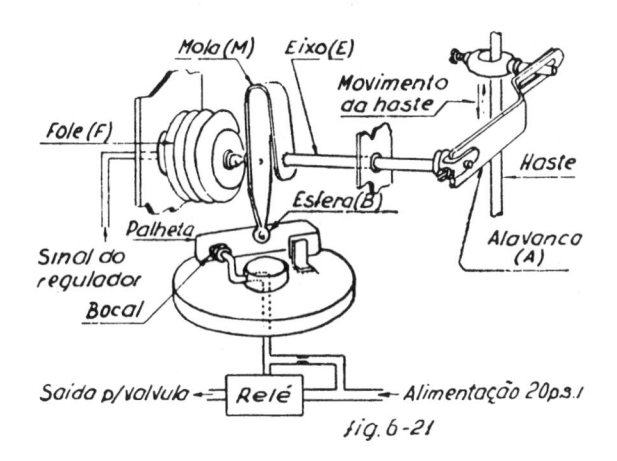

fig. 6-21

Esse posicionador é do tipo *equilíbrio de posição.*

Supondo que o sistema está em equilíbrio, como na Fig. 6-21, para um aumento de pressão no sinal do regulador o fole se expandirá para a direita, comprimindo a mola *(M)*, e afastará a esfera *(B)*, que está fixada na ponta da mola, movimentando a palheta para fechar o bocal.

A pressão no bocal aumentará imediatamente e essa pressão movimenta o motor da válvula. O movimento linear da haste é transformado pela alavanca *(A)* em movimento rotativo do eixo *(E)* do posicionador. O movimento do eixo causará um movimento lateral da esfera *(B)*, pois a mola *(M)* está presa no eixo *(E)*. Nesse caso, a esfera afastará a palheta do bocal diminuindo a pressão de saída para a válvula até encontrar um novo ponto de equilíbrio.

O movimento do fole, isto é, o movimento da esfera na mesma direção, é proporcional ao sinal do regulador.

O movimento lateral da esfera é proporcional ao movimento da haste (ou da posição) da válvula. Portanto, o resultado dos dois movimentos é proporcional tanto ao sinal do regulador como à posição da válvula.

O posicionador possui uma chave de duas posições; uma é chamada *automática,* que permite o funcionamento normal descrito acima, e a outra *manual,* onde o sinal do regulador é introduzido diretamente ao motor da válvula sem passar pelo posicionador. Nessa posição pode-se desmontar o posicionador para sua manutenção.

(4) **Booster**

Como ilustrou-se no capítulo dos "Transmissores", na Fig. 3-16, o *booster* é utilizado:

(a) Quando requer uma grande velocidade de movimento da haste da válvula, especialmente em motores grandes.

(b) Quando a faixa de pressão necessária para acionar a válvula é diferente da pressão do regulador.

(c) Quando a distância entre o regulador e a válvula é maior que 50 m e menor que 80 m.

Sendo os diâmetros dos furos para escape do ar à atmosfera e de saída para a válvula muito maiores em comparação com os do posicionador a rapidez no acionamento da válvula empregando o *booster* é três a cinco vezes maior do que a do posicionador.

SECÇÃO (5)

CÁLCULO DE UMA VÁLVULA

Quando se constrói uma tubulação, procura-se diminuir a perda de carga, mas ao instalar uma válvula deve-se sempre prever o máximo de perda de carga permitida, para que se tenha uma regulação satisfatória: a perda de carga pela válvula nunca deve ser inferior a 10% da perda total da linha.

Uma boa regulação se obtém com um $\triangle P$ de 30 a 40% do $\triangle P$ total da linha.

De um modo geral, isto é obtido com uma válvula cujo tamanho nominal está logo abaixo daquele da tubulação. Por exemplo, para uma tubulação de φ 3″ utiliza-se uma válvula de φ 2 1/2″.

Porém, a tendência geral é sempre superdimensionar a válvula aumentando desnecessariamente o custo da instalação. Portanto, é importante determinar o tamanho adequado da válvula efetuando um cálculo simples para economizar no custo da válvula.

Existe um tipo de válvula cuja sede é intercambiável por uma maior ou menor. É prudente escolher esse tipo sempre que for possível para poder adaptá-lo nas futuras modificações do processo.

Para o cálculo de uma válvula precisamos de dois dados principais:

(1) Vazão máxima

(2) $\triangle P$

Com esses dados, pode-se encontrar uma constante *(Cv)*, com auxílio da qual pode-se escolher uma válvula apropriada, fornecida pelos fabricantes.

A finalidade da Cv é fornecer intercambiabilidade entre válvulas de diferentes fabricantes, pois uma válvula de $\varnothing\ 2''$, por exemplo, de um fabricante pode não ter a mesma capacidade que outra do mesmo tamanho fabricada pelo outro fabricante.

A determinação da Cv é feita da seguinte maneira.

Imagine uma tubulação por onde se fará passar água, com uma válvula de regulação completamente aberta. Imediatamente antes e imediatamente após a válvula coloca-se as extremidades de um manômetro em U, graduado em p.s.i. Antes da válvula, tem-se um medidor de vazão calibrado em g.p.m. (galões por minuto) e antes desse uma válvula como ilustrado na Fig. 6-22.

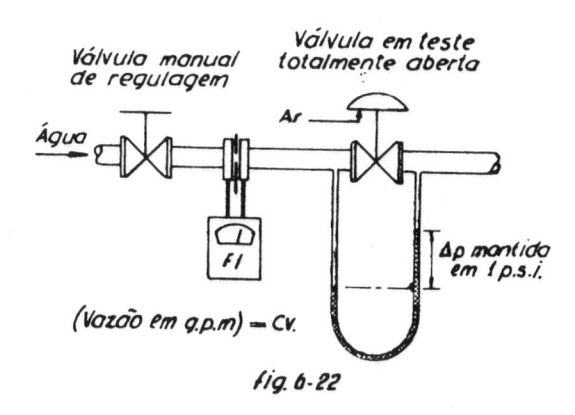

fig. 6-22

Quando a vazão é zero, com a válvula manual totalmente fechada, a queda de pressão medida pelo tubo em U deve ser zero também.

Abrindo-se a válvula manual, até que se tenha 1 p.s.i. de perda de carga na válvula automática, o FI indica, por exemplo, 10 m³/h ou 44 g.p.m.; então, esse valor é o Cv da válvula.

"Cv é a quantidade de água, em g.p.m., que uma válvula completamente aberta deixa passar quando existe uma perda de carga igual a 1 p.s.i. na mesma".

Em unidades métricas "Cv é a quantidade de água, em litros/h, que uma válvula deixa passar quando existe uma perda de carga de 4,9 g/cm² na mesma".

O Cv de uma válvula é dado pelo fabricante e quando se quer instalar uma válvula deve-se calcular o Cv a partir de fórmulas onde entrem fatores, como densidade, vazão máxima, etc. e comparar o Cv calculado com os do fabricante até achar uma válvula adequada.

Normalmente uma válvula cujo Cv é maior e mais próximo ao valor do Cv calculado é escolhida utilizando os gráficos exemplificados nas Figs. 6-23 e 6-24.

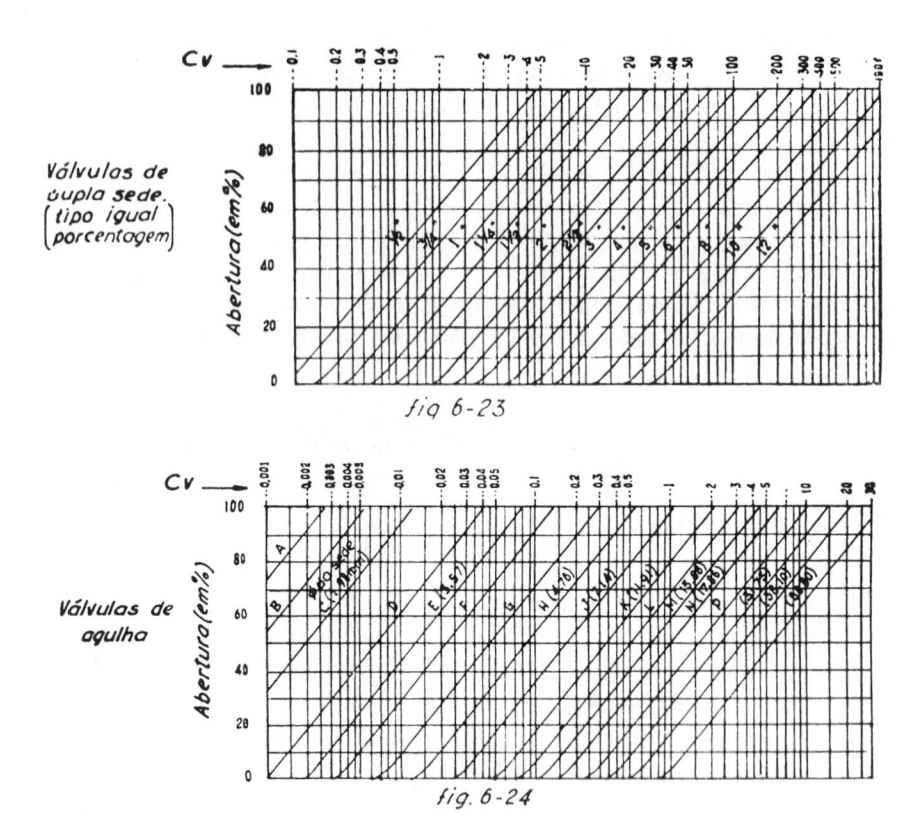

fig 6-23

fig. 6-24

FÓRMULAS

Para vazão de líquidos

$$Cv = 1,17 \cdot V \cdot \sqrt{\frac{\rho}{\triangle P}}$$

Sendo 1,17 = constante física

V = vazão em (m³/h)

ρ = densidade (à temperatura de trabalho) (água = 1,0)

$\triangle P$ = diferença de pressão (perda de carga) disponível para a válvula em (kg/cm²)

Para vazão de gazes

    (a) Quando $P_2 > \dfrac{P_1}{2}$ (Ver nota pág. seguinte)

$$Cv = 0,041 \cdot Q \cdot \sqrt{\frac{G}{\triangle P \cdot P_2}}$$

Onde

Q = vazão de gás em (m³/h)

P_1 = pressão a montante da válvula em (kg/cm² abs.)

P_2 = pressão a jusante da válvula em (kg/cm² abs.)

G = densidade do gás (ar = 1,0)

Nota: Em geral, à medida que aumenta o $\triangle P$ da válvula, a vazão também aumenta. Porém, quando o $\triangle P$ atinge um valor tal, onde a pressão depois da válvula é menor do que a metade da pressão a montante da válvula (i. e. $P_2 < \dfrac{P_1}{2}$), a vazão não irá aumentar mais, mesmo que aumente mais o $\triangle P$.

Esse valor do $\triangle P$, com o qual a pressão a jusante da válvula atinge a metade da pressão a montante, é chamado *a pressão diferencial crítica*.

(b) Quando $P_2 \leqq \dfrac{P_1}{2}$

Nesse caso, usa-se $\dfrac{P_1}{2}$, ao invés de $\triangle P$ e P_2, logo

$$Cv = 0,082 \cdot Q \cdot \sqrt{\dfrac{G}{P_1}}$$

Para vazão de vapores em geral

(a) Quando $P_2 > \dfrac{P_1}{2}$

$$Cv = 0,037 \dfrac{W}{\sqrt{\triangle P \cdot w}}$$

onde W = vazão do vapor em (kg/h)

   w = peso específico do vapor em (kg/m³) à pressão de P_1

   $\triangle P$ = $P_1 - P_2$

(b) Quando $P_2 \leqq \dfrac{P_1}{2}$

$$Cv = 0,0525 \dfrac{W}{\sqrt{P_1 \ w'}}$$

onde w' = peso específico do vapor em (kg/m³)

à pressão de $\dfrac{P_1}{2}$

Cv da válvula manual do tipo globo

$$Cv = 9\ d^2$$

d = diâmetro nominal da válvula

Correção devido à viscosidade do fluido

Para os líquidos em casos gerais, cujas viscosidades são menores que 100 S.S.U. ou 20 cSt (centistokes), pode-se desprezar o efeito da viscosidade.

Quando a viscosidade ultrapassa esse valor é necessário efetuar uma correção no valor de Cv obtido com a fórmula citada anteriormente. Isto é, quanto maior for a viscosidade tanto maior será o tamanho da válvula necessário.

Para obter o fator de correção, calcula-se o valor chamado R que é uma aproximação do número de Reynolds, a partir do valor do Cv calculado inicialmente desprezando a viscosidade.

O fator R depende não só da viscosidade do fluido mas também da velocidade do fluido, do tamanho da tubulação e ainda do valor da própria Cv, como indicam as fórmulas seguintes:

$$R = \frac{12{,}285 \times (\text{Vazão em 1/min})}{\sqrt{Cv} \times (\text{viscosidade em cSt})}$$

$$R = \frac{2{,}642 \times (\text{vazão em litros/min.})}{\sqrt{Cv} \times (\text{viscosidade em S.S.U.})}$$

Utilizando-se o valor de R, obtém-se o fator da correção (F_r) da curva da Fig. 6-25.

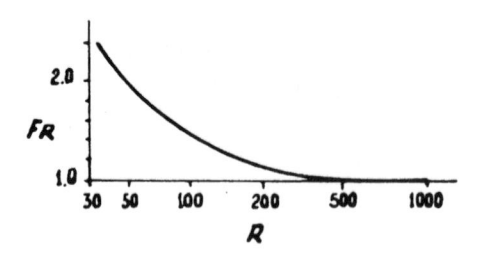

fig. 6-25

O valor de Cv corrigido (Cv') é obtido,

$$Cv' = (Cv)\ F_r$$

CAPÍTULO VII

REGULAÇÃO AUTOMÁTICA

Como já se descreveu no capítulo de "Introdução", na regulação automática o regulador compara o valor medido com o valor desejado e age de maneira a anular a diferença existente entre os dois. Se essa ação corretiva for demasiadamente forte a variável controlada dará *overshoot* e conseqüentemente entrará em oscilação que se amplia ou amortiza ou ainda mantém a sua amplitude da oscilação como se representa nas curvas (a), (b) e (c) da Fig. 7-1.

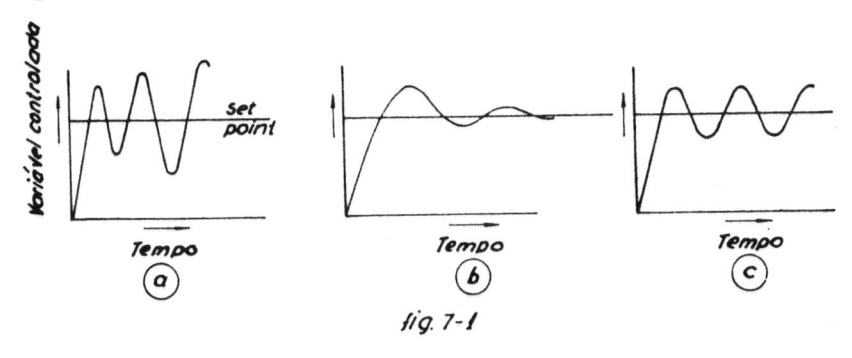

fig. 7-1

Por outro lado, se o regulador agir com menor intensidade para anular a diferença demorará muito tempo para eliminá-la, como se verifica na curva (a) da Fig. 7-2, ou às vezes nunca o conseguirá.

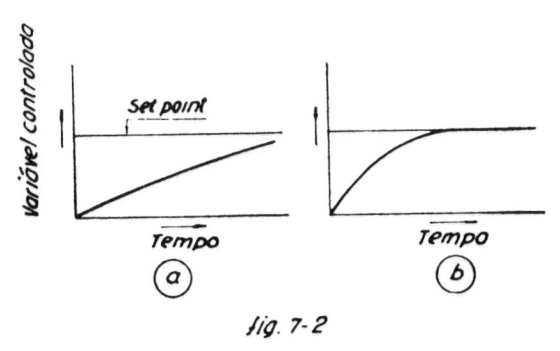

fig. 7-2

Para obter uma boa regulação o regulador deve satisfazer duas condições: estabilidade e rapidez na resposta. Uma resposta que tenha alguma curva intermediária entre as duas curvas (b) das Figs. 7-1 e 7-2 pode ser considerada boa.

Em resumo pode-se dizer que a finalidade do estudo da regulação automática é conseguir essas duas condições.

Existem dois métodos para analisar a condição de estabilidade na regulação automática:

(a)   do ponto de vista estático

(b)   do ponto de vista dinâmico

Quando se fala em *estática* não se considera o fator tempo. Porém, na *dinâmica,* considera-se a variação de uma variável sempre em função de tempo.

SECÇÃO   (1)

ESTABILIDADE ESTÁTICA NA REGULAÇÃO

Como explicou-se no capítulo de "Introdução", um sistema simples de regulação automática é ilustrado novamente na Fig. 7-3 de maneira semelhante.

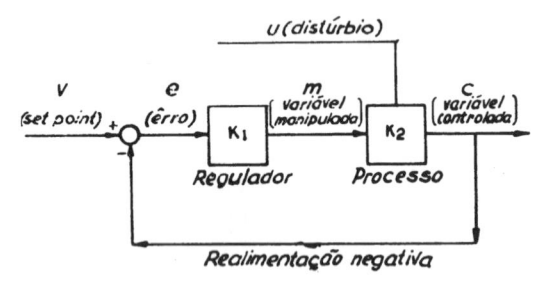

fig. 7-3

Chama-se diagrama de bloco à maneira de se representar o sistema de regulação. No diagrama os componentes principais são representados em blocos e são interligados por meio de linhas que indicam os sentidos de fluxos dos sinais entre os blocos. Cada bloco é descrito por uma relação matemática que representa a razão dos sinais de entrada e de saída do bloco. A essa razão denomina-se a função de transferência.

Essa função pode ser uma constante simples ou uma equação complicada em função de tempo.

No exemplo da Fig. 7-3 supõe-se somente as relações proporcionais entre os sinais de entrada e de saída dos blocos. No caso a função de transferência do regulador é uma simples constante K_1 que corresponde à sensibilidade do regulador. No exemplo a função de transferência do processo é uma simples constante K_2. A função de transferência do processo denomina-se o *ganho*.

Na Fig. 7-3, a variável manipulada *(m)* é a variável através da qual se corrige a variável controlada do processo *(c).*

No caso do regulador pneumático a variável manipulada é o sinal de saída do regulador em p.s.i., por exemplo.

Nesse exemplo existem as seguintes relações:

$$m = K_1 \cdot e \tag{1}$$

$$c = K_2 \cdot m \tag{2}$$

Eliminando m dessas duas equações, obtém-se:

$$c = K_1 \, K_2 \, e \tag{3}$$

Por outro lado, o erro (e) é a diferença entre o *set point* (v) e a variável controlada (c), isto é:

$$e = v - c \tag{4}$$

Das Eqs. (3) e (4) obtém-se:

$$c = K_1 \, K_2 \, (v - c) = K_1 \, K_2 \, v - K_1 \, K_2 \, c \tag{5}$$

ou

$$(1 + K_1 \, K_2) \, c = K_1 \, K_2 \, v$$

$$c = \frac{K_1 \, K_2}{1 + K_1 \, K_2} \, v \tag{6}$$

Para estudar a característica da estabilidade desse sistema traçam-se duas curvas que representam o regulador e o processo respectivamente como na Fig. 7-4.

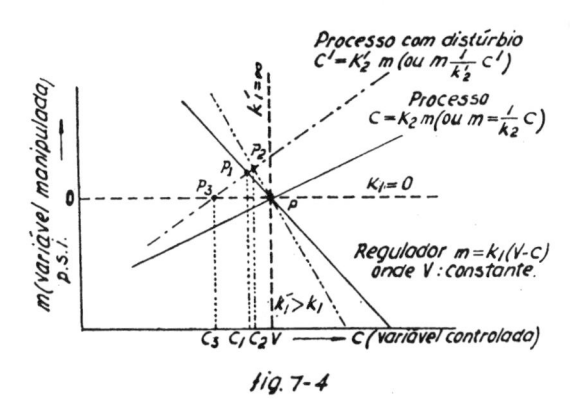

fig. 7-4

Na Fig. 7-4, o ponto P representa o equilíbrio estático na regulação quando a variável controlada coincide com o valor desejado. Isto é, $c = v$ ou $e = v - c = 0$.

Por outro lado, sabemos que a função de transferência de um processo varia conforme o distúrbio aplicado a esse processo. Esse fato é que caracteriza a regulação dos processos de outros tipos de regulações, como por exemplo o servomecanismo, impedindo as análises precisas do processo pois devido ao distúrbio o processo perde a sua linearidade obrigando-nos a estudar pelos processos simplificados e conseqüentemente imprecisos.

Por exemplo um aquecedor de água com a entrada constante de água fria recebendo um certo calor de aquecimento, pode dar saída constante de água quente a certa temperatura.

Isso quer dizer que para um valor de calor do aquecimento *(m)* existe uma só temperatura de saída *(c)*. Esses valores são relacionados com o ganho do aquecedor K_2, isto é, $c = K_2 \cdot m$.

Se a temperatura da água fria de alimentação varia para menos, por exemplo, com o mesmo calor aplicado jamais se conseguirá manter a mesma temperatura na saída e a água sairá mais fria do que antes. Isso quer dizer que a relação entre o mesmo calor *(m)* e a temperatura mais baixa *(c')* de água de saída não é mais K_2 mas K_2 ou $c' = K_2' \cdot m$ Essa relação é ·representada na outra curva e o ponto de equilíbrio mudou para P_1. A diferença entre v e c_1 é chamada o erro de regime (ou *offset*), como já se descreveu no capítulo de regulador proporcional. (Ver a Fig. 4-28.)

Na Fig. 7-4, a linha horizontal *OP* representa a sensibilidade nula, isto é, a regulação manual, e com certeza nesse caso o erro de regime $(v - c_3)$ é maior.

Por outro lado, aumentando a sensibilidade do regulador K_1 para K_1' o erro de regime $(v - c_2)$ diminui e com a máxima sensibilidade, isto é $K_1 = \infty$, eliminou-se o erro de regime.

Para compreender melhor a natureza do erro de regime, utiliza-se a fórmula:

erro de regime $e = v - c$

Da Eq. 6,

$$= \frac{1}{1 + K_1 K_2} \, v \tag{7}$$

$$= v - \frac{K_1 K_2}{1 + K_1 K_2} \, v \tag{8}$$

Da Eq. (8) pode-se concluir que o erro de regime será tanto maior.

(I)   quanto menor for a sensibilidade do regulador

(II) quanto menor for o ganho do processo

Como pode-se verificar da Fig. 7-4 o erro de regime será tanto maior quanto maior for o distúrbio.

Para um processo onde a variação de carga é pequena (isto é, menor distúrbio) pode-se utilizar uma menor sensibilidade do regulador.

Como demonstrou-se nesse exemplo, o estudo estático de um sistema de regulação pode trazer várias noções importantes de regulação. Porém, para aprofundar mais o estudo deve-se introduzir os fatores em função do tempo.

Portanto, no restante desse capítulo trataremos somente da dinâmica da regulação.

SECÇÃO (2)

INTRODUÇÃO DA ESTABILIDADE DINÂMICA DA REGULAÇÃO

Suponha o diagrama de bloco generalizado de uma malha fechada (ou um circuito fechado) como mostrado na Fig. 7-5.

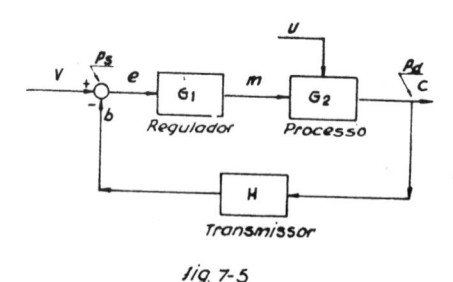

fig. 7-5

As funções de transferência generalizadas são representadas com as letras G, G_2 e H. Note que na análise dinâmica de um sistema de regulação a função de transferência é sempre uma função de tempo.

Na Fig. 7-5 a variável controlada (c) é medida e transmitida ao ponto de subtração (P_s) onde se compara o valor desejado com o valor medido.

A diferença dos dois (e) atua sobre o regulador e esse último emite um sinal (m) que atua sobre o processo de maneira a diminuir essa diferença fechando a malha de regulação.

A seguir estuda-se as relações entre as variáveis do sistema e as funções de transferência. Referindo-se à Fig. 7-5, tem-se

$$m = G_1 e = G_1 (v - b) \qquad (9)$$
$$c = G_2 m \qquad (10)$$
$$b = Hc \qquad (11)$$

Substituindo m da Eq. (10) pela Eq. (9), obtém-se:

$$c = G_1 G_2 (v - b) \qquad (12)$$

Das Eqs. (11) e (12), obtém-se:

$$c = G_1 G_2 (v - Hc)$$

$$c = \frac{G_1 G_2}{1 + G_1 G_2 H} v \qquad (13)$$

Para introduzir a noção de estabilidade nesse sistema de regulação, abre-se a malha fechada da Fig. 7-5 em um ponto, por exemplo entre o regulador e o processo. Essa malha aberta é ilustrada na Fig. 7-6. Suponha que a variável controlada se manteve num valor fixo (c) com um valor de sinal de saída $m_1 = m_2$ quando a malha estava fechada.

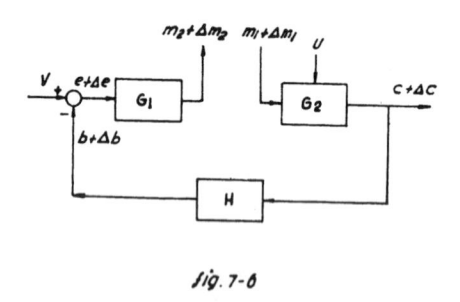

fig. 7-6

Abrindo-se a malha e supondo-se um incremento ou degrau do sinal de entrada $\triangle m_1$ aplicado sobre o processo o sinal será transmitido através das funções da malha e voltará a ser um incremento em sinal de saída $\triangle m_2$ do regulador.

Na malha aberta o aumento do sinal de saída $\triangle m_2$ será o produto de $\triangle m_1$ com as três funções de transferências consecutivas da malha com sinal negativo, pois a função do transmissor é a realimentação negativa, isto é:

$$\triangle m_2 = (- G_2 \cdot H \cdot G_1) \triangle m_1 \qquad (14)$$

Se $\triangle m_2$ é maior que $\triangle m_1$ significa que o incremento $\triangle m_1$ é amplificado de $G_1 G_2 H$.

Fechando-se novamente a malha nessas condições o sistema entrará em oscilação violenta, pois o sinal amplificado $\triangle m_2$ será novamente alimentado no lugar de $\triangle m_1$.

Pelo contrário, se $\triangle m_2$ é menor que $\triangle m_1$, o sinal será amortecido gradualmente.

Portanto, com o valor de $\triangle m_2$ igual ao de $\triangle m_1$, não é difícil imaginar que a oscilação persista. Nessas condições a Eq. (14) pode ser escrita como segue:

$$\triangle m_2 = \triangle m_1 = - G_1\, G_2 H \triangle m_1$$

Portanto, $(1 + G_1\, G_2\, H)\ \triangle m_1 = 0 \qquad \triangle m_1 \neq 0$

Portanto, $1 + G_1\, G_2\, H = O$ \hfill (15)

A Eq. (15) significa que a malha fechada da Fig. 7-5 está no limite da estabilidade ou da instabilidade quando se satisfaz essa relação. É denominada *a equação característica* do sistema.

A equação característica em si não define a estabilidade ou instabilidade do sistema. Para o estudo desses regimes existem outros métodos mais práticos que facilitam as análises dinâmicas do sistema de regulação, como por exemplo:

Resposta transitória (em domínio de tempo)

Resposta senoidal (em domínio de freqüência)

Transformação de Laplace (em domínio de uma variável especial)

SECÇÃO   (3)

RESPOSTA TRANSITÓRIA

Como já se explicou nos capítulos anteriores a resposta transitória de um sistema é a resposta do sistema através de uma variável em função do tempo provocada por um sinal degrau unitário ou outros sinais de formas simples, tais como uma rampa ou parábola aplicadas na entrada.

Tomando como exemplo um sistema de transmissão pneumático com a resistência e a capacitância como na Fig. 7-7, inicialmente considera-se que o sistema esteja em equilíbrio com uma pressão nula, isto é, $P_o = P = 0$.

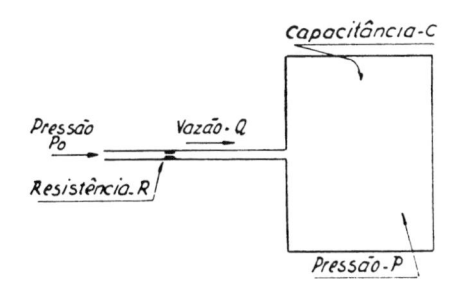

fig. 7-7

Aplicando um degrau de pressão na entrada (P_0) naturalmente a pressão na câmara irá aumentar, porém não instantaneamente.

A diferença das pressões será o produto da resistência R e a vazão Q como na lei de Ohm na eletricidade, isto é

$$p_0 - p = R \, Q \tag{16}$$

A relação entre a vazão Q, a capacitância C, e a pressão p empregando a analogia da eletricidade é

$$Q = C \, \frac{dp}{dt} \tag{17}$$

Das Eqs. (16) e (17), obtém-se

$$p_0 - p = RC \, \frac{dp}{dt} = T \, \frac{dp}{dt} \tag{18}$$

Onde fizemos $RC = T$

A solução da Eq. (18) é dada na equação seguinte (ver o apêndice II).

$$p = p_0 \, (1 - {}_e\text{-}t/T) \tag{19}$$

A Eq. (19) é uma maneira de representar dinamicamente a característica do sistema, pois contém o fator de tempo t. Ela é representada graficamente na Fig. 7-8.

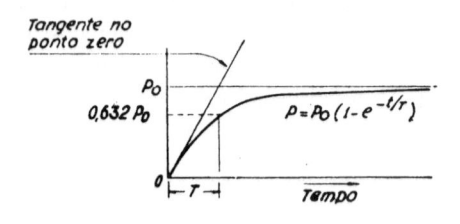

fig. 7-8

Como já se tocou no assunto, o fator T é chamado constante de tempo que representa uma medida da rapidez na resposta do sistema.

Note que nessa análise a noção de função de transferência não se utiliza.

O método exposto nesse exemplo é bastante útil para saber a característica do sistema intuitivamente. Porém tem a grande desvantagem de ser impróprio para transmitir o sinal repetidamente para os elementos seguintes da malha de regulação pois os sinais de saída destes elementos serão demasiadamente complexos.

Para sanar esse defeito foi elaborado um outro método de análise chamado resposta senoidal.

SECÇÃO (4)

RESPOSTA SENOIDAL

Introduzindo-se um sinal em forma de onda senoidal em um sistema linear o sinal de saída é da mesma forma, porém com sua amplitude diferente e com defasagem.

Geralmente a amplitude fica mais diminuída e a fase mais atrasada do que o sinal de entrada como se representa na Fig. 7-9.

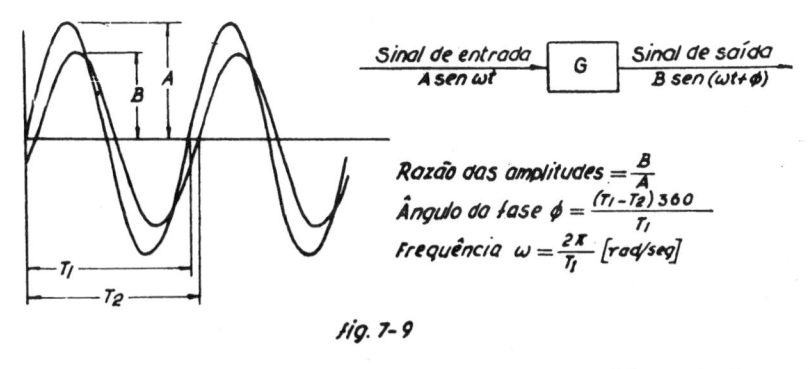

$$\text{Razão das amplitudes} = \frac{B}{A}$$

$$\text{Ângulo da fase } \phi = \frac{(T_1 - T_2)\,360}{T_1}$$

$$\text{Frequência } \omega = \frac{2\pi}{T_1}\ [rad/seg]$$

fig. 7-9

O sinal senoidal tem a vantagem de poder transmitir o sinal repetidamente para outros elementos consecutivos mantendo a mesma forma de sinal.

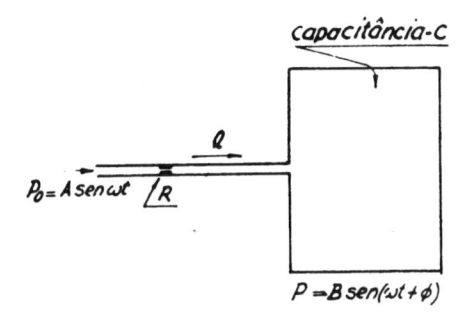

fig. 7-10

Exemplificando o mesmo sistema utilizado na secção anterior na Fig. 7-10 suponha um sinal de entrada

$$p_0 = A \text{ sen } \omega t \tag{20}$$

A pressão dentro da câmara será um outro senóide com amplitude e fase diferentes, ou seja

$$p = B \text{ sen } (\omega t + \varphi) \tag{21}$$

A diferença das duas pressões é relacionada com a vazão e a resistência de entrada, isto é

$$\begin{aligned} p_0 - p &= A \text{ sen } \omega t - B \text{ sen } (\omega t + \varphi) \\ &= R\,Q \end{aligned} \tag{22}$$

Por outro lado, tem-se uma outra relação

$$\begin{aligned} Q &= C\,\frac{dp}{dt} \\ &= C \cdot B \cdot \omega \cos (\omega t + \varphi) \end{aligned} \tag{23}$$

Das Eqs. (22) e (23), obtém-se

$$A \text{ sen } \omega t - B \text{ sen } (\omega t + \varphi) = T\,B\,\omega\,(\omega t + \varphi) \tag{24}$$

onde fizemos $T = RC$

Resolvendo a Eq. (24) em termos de B/A e φ, obtém-se

$$\begin{cases} \dfrac{B}{A} = \dfrac{1}{\sqrt{1 + \omega^2\,T^2}} & (25) \\[2ex] \varphi = -\text{tg}^{-1} (\omega\,T) & (26) \end{cases}$$

A Eq. (25) demonstra que a amplitude do sinal de saída é diminuída com a razão de $\dfrac{1}{\sqrt{1 + \omega^2\,T^2}}$ em relação ao sinal de entrada. Por outro lado a fase do sinal de saída é atrasada de $\text{tg}^{-1} (\omega T)$ em relação ao sinal de entrada.

Se representamos essa relação utilizando o vetor num plano complexo, ela ficará como na Fig. 7-11.

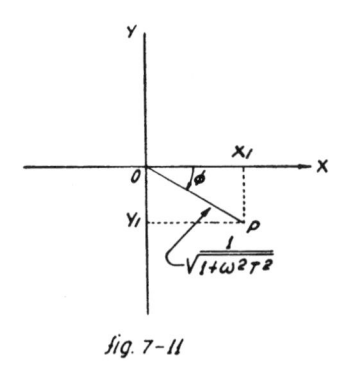

fig. 7-11

Na figura o sinal de entrada está no eixo OX. O comprimento do vetor OP representa a razão das amplitudes dos sinais, isto é, B/A, e o ângulo ϕ o atraso de fase.

Se representarmos as Eqs. (25) e (26) em uma equação complexa, ficará em seguida (ver Apêndice IV):

$$G\,(j\omega) = \frac{\text{Sinal de saída}}{\text{Sinal de entrada}} = \text{Vetor } OP$$

$$= \frac{1}{1 + j\omega t} \tag{27}$$

Como o exemplo demonstra o uso da equação complexa tem a vantagem de poder expressar as duas equações (25) e (26) em uma só equação, que representa a função de transferência do sistema.

Na prática a análise de amplitude e de fase feita dessa maneira é representada graficamente em uma função de freqüência ou ω, como por exemplo nos:

Diagrama de Bode (no plano retangular)
Diagrama polar
Diagrama de Nichols

Ao finalizar esta secção, concluímos que a resposta senoidal tem duas vantagens que são:

(I) Facilidade de análise nas respostas de um sistema de dois ou mais elementos

(II) Simplicidade na representação das duas variáveis, isto é, a razão das amplitudes de entrada e de saída e o ângulo de fase, em uma só equação.

SECÇÃO (5)

TRANSFORMAÇÃO DE LAPLACE

Antes de introduzir a transformação de Laplace, é necessário conhecer um método de cálculo empregando o chamado *operador*.

Reescrevendo a Eq. (18) da secção anterior

$$p_0 - p = T \frac{dp}{dt} \qquad (28)$$

Define-se o operador laplaciano *(s)* pelo seguinte:

$$s = \frac{d}{dt} \qquad (29)$$

Será necessário representar as variáveis p_0 e p de maneira diferente, isto é, com as maiúsculas $P_0(s)$ e $P(s)$, nesse caso, pois as variáveis já não estarão mais no domínio do tempo. Nessas condições a Eq. (28) pode ser escrita como segue:

$$P_0(s) - P(s) = Ts\,P(s)$$

ou

$$P_0(s) = P(s) + Ts\,P(s)$$

$$\frac{P(s)}{P_0(s)} = \frac{1}{1 + Ts} \qquad (30)$$

Comparando a Eq. (30) com a Eq. (27), pode-se notar que

$$j\omega = s$$

Portanto, o operador s tem o mesmo significado que $j\omega$ como já se explicou na secção anterior.

Além disso tem a vantagem de poder dispensar as equações íntegro-diferenciais complicadas e graças a este a teoria da regulação automática foi bastante facilitada no seu desenvolvimento.

Representando a Eq. (30) em diagrama de bloco, obtém-se a Fig. 7-12.

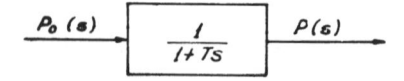

fig. 7-12

A Eq. (30) é uma função de transferência que representa a relação entre o sinal de entrada e de saída nas coordenadas complexas unitária e convenientemente. Portanto, não representa a relação dos dois sinais no domínio real de tempo como se costuma normalmente, por exemplo, na resposta transitória. Do domínio do raciocínio em função do tempo (uma função real) mudou-se ao domínio de *(s)* que é uma fração imaginária.

A transformação de Laplace propriamente dita é o seguinte.

Chama-se *F(s)* de transformado de Laplace de uma função *f(t)* e representa-se como segue:

$$F(s) = L \mid f(t) \mid \qquad (31)$$

Executando-se uma antitransformação no transformado laplaciano obtém-se a função original em domínio de tempo, isto é

$$f(t) = L^{-1} \mid (F(s) \mid \qquad (32)$$

A grande vantagem da transformação de Laplace é que se pode expressar e resolver as funções complicadas com simples equações algébricas, enquanto que no método clássico é inevitável o uso das equações íntegro-diferenciais muito complexas.

Portanto, uma vez acostumados ao uso da transformação de Laplace, podemos interpretar diretamente a característica dinâmica dos elementos e aumentar o campo de raciocínio.

No restante deste capítulo utilizam-se somente os resultados da transformação de Laplace do ponto de vista prático, dispensando as procedências de cálculos da transformação pois se encontram comumente várias tabelas de transformados laplacianos correspondentes às suas funções de tempo.

SECÇÃO (6)

CARACTERÍSTICAS DINÂMICAS DOS REGULADORES

Utilizando os transformados de Laplace, pode-se representar as funções de transferência dos reguladores dinamicamente (explicações sobre os mesmos já foram dadas parcialmente no capítulo dos reguladores).

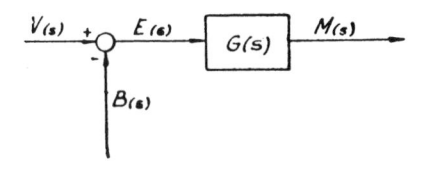

fig. 7-13

Como se pode verificar da Fig. 7-5, o diagrama de bloco de um regulador isoladamente ficará como mostra a Fig. 7-13.

Na figura as funções $E(s)$, $G(s)$, $M(s)$, etc. são transformadas de Laplace e:

$$E(s) = L \mid e(t) \mid$$
$$M(s) = L \mid m(t) \mid$$

$$G(s) = \frac{M(s)}{E(s)}$$

onde

$e(t) =$ o erro em função de tempo

$m(t) =$ o sinal de saída em função de tempo

(I) REGULADOR PROPORCIONAL

Nesse tipo de regulador a resposta (ou o sinal de saída) do regulador é proporcional ao erro existente entre o valor desejado e o valor medido, ou seja

$$m(t) = K \cdot e(t) \qquad K = \text{sensibilidade} \tag{33}$$
$$M(s) = K \cdot E(s)$$

$$G(s) = \frac{M(s)}{E(s)} = K \tag{34}$$

No plano complexo,

$$\text{Ganho} = \mid G \, (j\omega \mid = K$$
$$\text{Fase} \ = \ < G \, (j\omega \ = 0$$

A resposta transitória do regulador proporcional será como na Fig. 7-14.

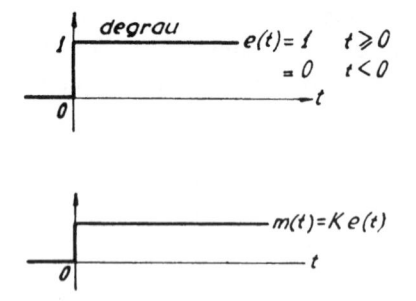

$$\text{degrau} \qquad e(t) = 1 \quad t \geqslant 0$$
$$= 0 \quad t < 0$$

$$m(t) = K \, e(t)$$

fig. 7-14

(II)　REGULADOR PROPORCIONAL + "RESET"

Na ação integral (ou seja *reset*) a velocidade de variação do sinal de saída é proporcional à grandeza do erro, isto é,

$$\frac{d\,m\,(t)}{dt} = \frac{1}{T_i} \cdot e(t) \text{ ou } m(t) = \frac{1}{T_i} \int e(t) \cdot dt \tag{35}$$

onde $\dfrac{1}{T_i}$ = a constante dessa proporcionalidade.

Por outro lado, o teorema de integração da transformação de Laplace diz:

$$L \mid \int e(t) \cdot dt \mid = \frac{E\,(s)}{s} + C \tag{36}$$

onde C depende das condições iniciais que é zero nesse caso particular. Portanto, das Eqs. (35) e (36), obtém-se:

$$M\,(s) = \frac{1}{T_i} \cdot \frac{E\,(s)}{s} \tag{37}$$

A função de transferência do regulador *reset* será portanto

$$G\,(s) = \frac{M(s)}{E(s)} = \frac{1}{T_i s} \tag{38}$$

A ação do regulador proporcional + *reset* será a combinação dessas duas equações, isto é, das Eqs. (33) e (35)

$$m(t) = K \left[e(t) + \frac{1}{T_i} \int e(t) \cdot dt \right] \tag{39}$$

Transformando a Eq. (39) em Laplace utilizando a Eq. (37), obtém-se:

$$M(s) = K \mid E(s) + \frac{E(s)}{T_i s} \mid = K \cdot E(s) \mid 1 + \frac{1}{T_i s} \mid$$

$$G(s) = \frac{M(s)}{E(s)} = K \mid 1 + \frac{1}{T_i s} \mid \tag{40}$$

No plano complexo

$$\text{Ganho} = \mid G(j\omega) \mid = K \sqrt{1 + \frac{1}{(\omega T_i)^2}}$$

$$\text{Fase} = G(j\omega) = - \text{tg}^{-1} \frac{1}{\omega T_i}$$

A equação da fase indica que o sinal de saída (ou seja, o movimento da válvula) está 90º mais atrasado do que o regulador proporcional.

As respostas transitórias do regulador *reset* e do regulador proporcional + *reset* são ilustradas respectivamente nas Figs. 7-15 e 7-16.

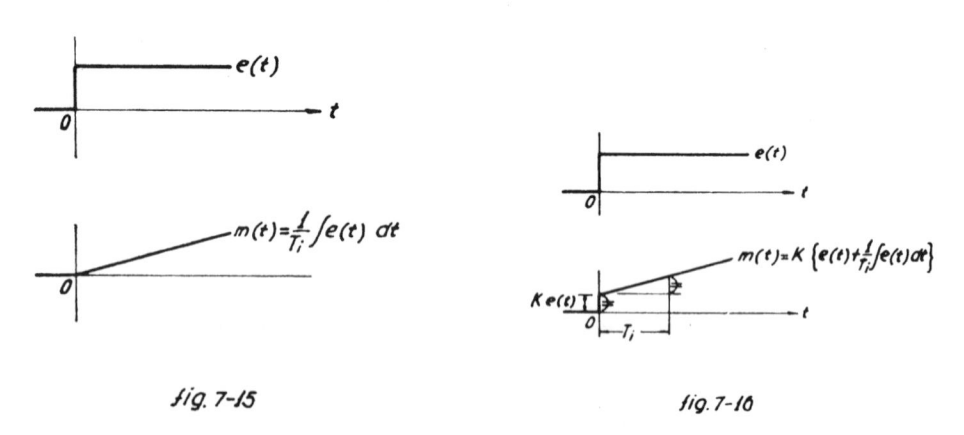

fig. 7-15   *fig. 7-16*

(III)   REGULADOR PROPORCIONAL + DERIVATIVO

No regulador derivativo, o sinal de saída é proporcional à velocidade de variação do erro, isto é

$$m(t) = T_d \frac{d\,e(t)}{dt}$$

onde T_d = constante de proporcionalidade $\tag{41}$

Combinando a Eq. (41) com a Eq. (34), obtém-se a resposta do regulador proporcional + derivativo.

$$m(t) = K \mid e(t) + T_d . \frac{d\,e(t)}{dt} \mid \tag{42}$$

Transformando essa equação pelo Laplace, obtém-se:

$$M(s) = K|E(s) + T_d \cdot E(s)| = K \cdot E(s) |1 + T_d \cdot S| \qquad (43)$$

onde utilizou-se o teorema da transformação laplaciana sobre a diferenciação com a constante $C = O$, isto é:

$$L \left| \frac{d \, e(t)}{dt} \right| = s \cdot E(s) - C \qquad (44)$$

Da Eq. (43) a função de transferência do regulador é

$$G(s) = \frac{M(s)}{E(s)} = K |1 + T_d \cdot s| \qquad (45)$$

No plano complexo

$$\text{Ganho} = |G(j\omega)| = K \sqrt{1 + (\omega \, T_d)^2}$$
$$\text{Fase} = < G(j\omega) = : \text{tg}^{-1} \cdot (\omega \, T_d)$$

A equação da fase indica que o sinal de saída (ou seja o movimento da válvula) está $90°$ mais avançado do que o regulador proporcional.

A Fig. 7-17 mostra a resposta transitória do regulador para a rampa e a Fig. 7-18 a resposta para o degrau.

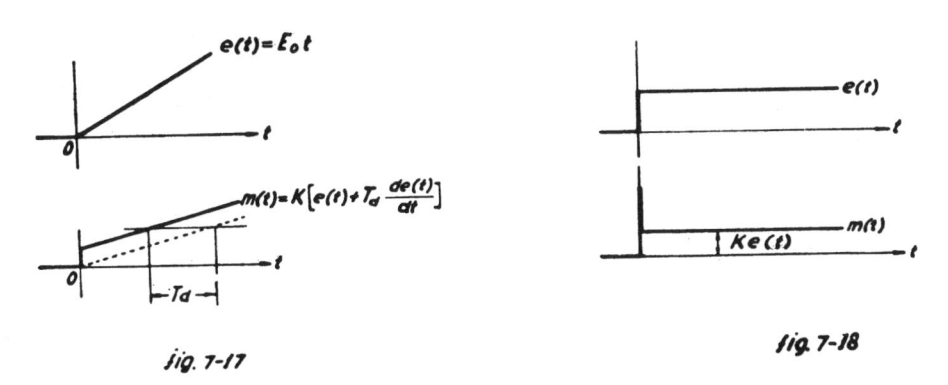

$$jig. \ 7\text{-}17 \qquad\qquad fig. \ 7\text{-}18$$

(IV) REGULADOR PROPORCIONAL + "RESET" + DERIVATIVO

Combinando as três ações descritas acima obtém-se a função de transferência do regulador:

$$G(s) = \frac{M(s)}{E(s)} = K \left| \frac{1}{T_i s} + 1 + T_d s \right| \tag{46}$$

No plano complexo

$$\text{Ganho} = |G(j\omega)| = K \sqrt{1 + \left(\omega T_d - \frac{1}{\omega T_i}\right)^2}$$

$$\text{Fase} = < \quad G(j\omega) = \text{tg}^{-1}\left(\omega T_d - \frac{1}{\omega T_i}\right)$$

A resposta transitória do regulador para a rampa será como na Fig. 7-19.

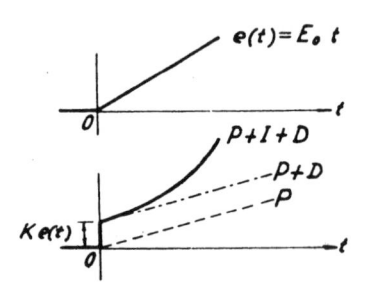

fig. 7-19

SECÇÃO (7)

CARACTERÍSTICAS DINÂMICAS DOS PROCESSOS

A função de transferência de um processo expressa a relação entre o sinal de saída do regulador e a variável controlada do processo. Esquematicamente essa relação é ilustrada na Fig. 7-20.

$$M(s) \longrightarrow \boxed{G(s)} \xrightarrow{\;C(s)\;}$$

fig 7-20

Classificam-se, em seguida, os tipos de processos e suas funções de transferência com base na resposta transitória do processo para o sinal de entrada em degrau. Essa resposta é tão característica para cada processo que é chamada de *assinatura do processo*.

(I) CAPACITÂNCIA SIMPLES

São processos ilustrados nas Figs. 7-21 a 7-24.

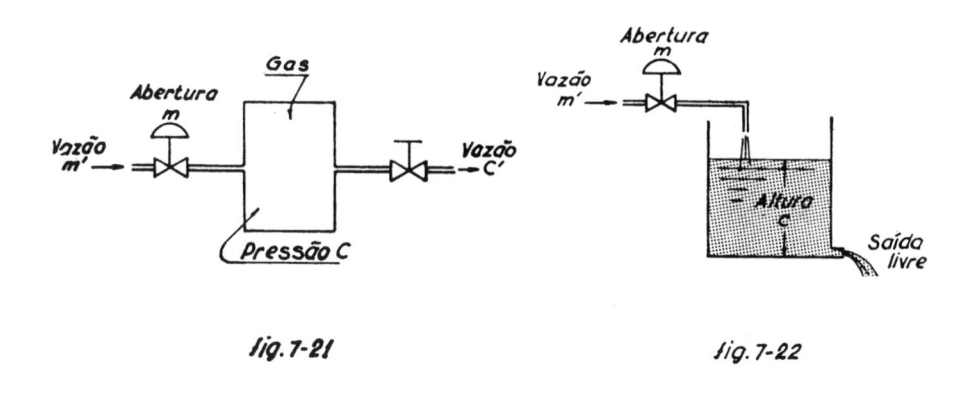

fig. 7-21   *fig. 7-22*

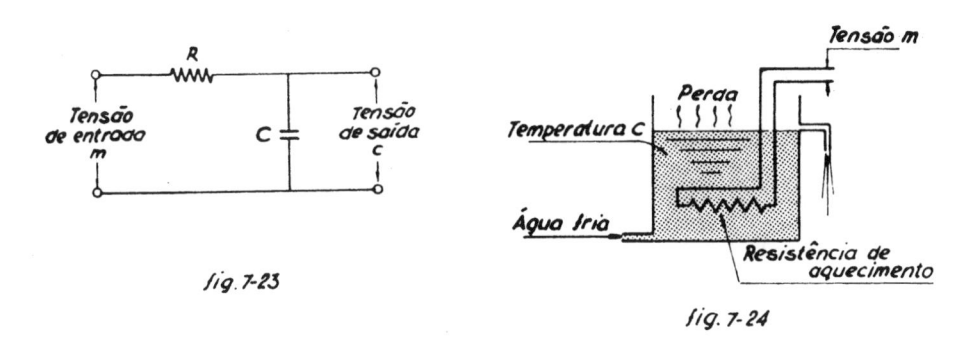

fig. 7-23

fig. 7-24

Como já se explicou nos exemplos anteriores [ver Fig. 7-7, Fig. 7-10, Eq. (27) e Eq. (28)] a função de transferência desse tipo é

$$G(s) = \frac{1}{1 + Ts} \tag{47}$$

onde T é chamada de constante de tempo.

A resposta transitória desse tipo de processo é novamente ilustrada na Fig. 7-25.

$$m(t)=\begin{cases}1 & t \geqslant 0\\0 & t < 0\end{cases}$$

fig. 7-25

Como já se explicou no capítulo de "Introdução", esse tipo normalmente possui *auto-regulação* e a rapidez da resposta depende da constante de tempo.

(II) CAPACITÂNCIA MÚLTIPLA (ou tipo S)

Quando os processos no exemplo anterior são ligados em série (ou em cascata), obtém-se esse tipo de processo que é ilustrado nas Figs. 7-26 a 7-29.

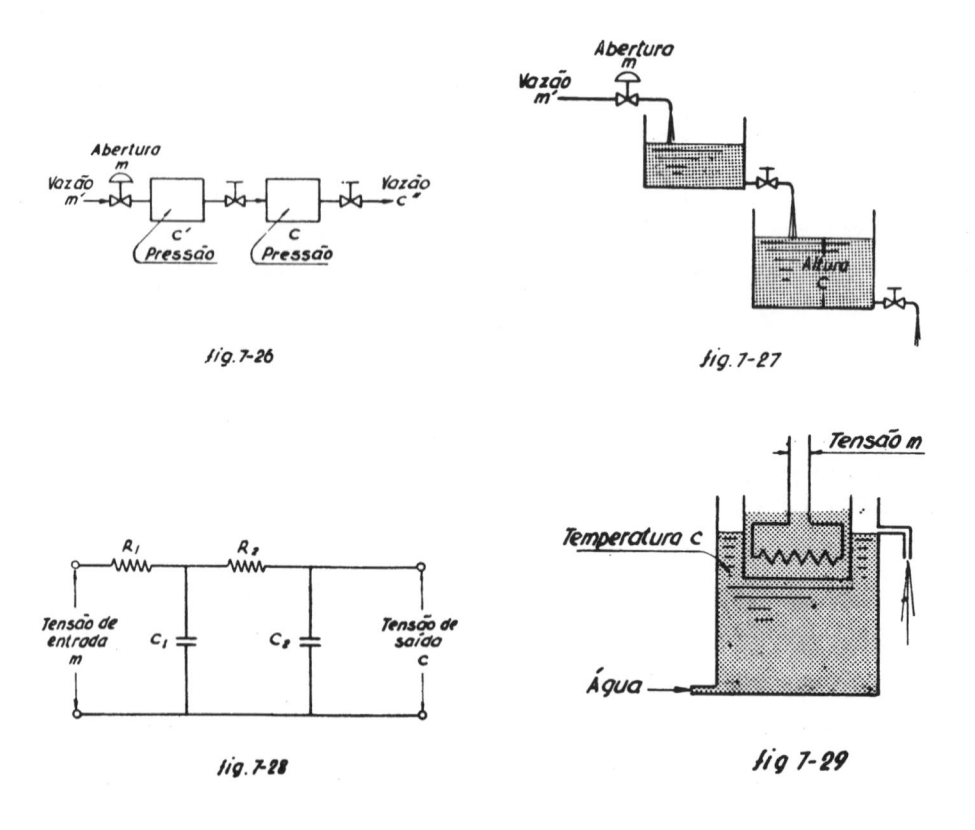

fig. 7-26

fig. 7-27

fig. 7-28

fig 7-29

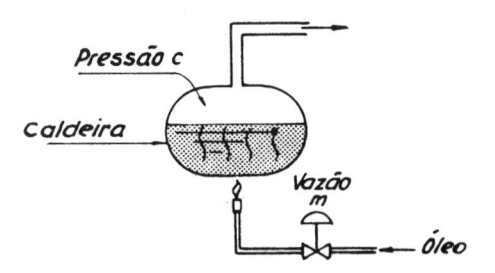

$$fig.\ 7\text{-}30$$

Um sistema com dupla capacitância é expresso no diagrama de bloco como na Fig. 7-31.

$$fig.\ 7\text{-}31$$

Na Fig. 7-31 têm-se as seguintes relações:

$$C_1 = \frac{1}{1 + T_1 s}\ M$$

$$C = \frac{1}{1 + T_2 s}\ C_1$$

Das duas equações, obtém-se:

$$C = \frac{1}{(1 + T_1 s)\ (1 + T_2 s)}\ M$$

Portanto, a função de transferência desse sistema será

$$G(s) = \frac{C(s)}{M(s)} = \frac{1}{(1 + T_1 s)\ (1 + T_2 s)} \tag{48}$$

O diagrama de bloco da Eq. (48) é ilustrado na Fig. 7-32.

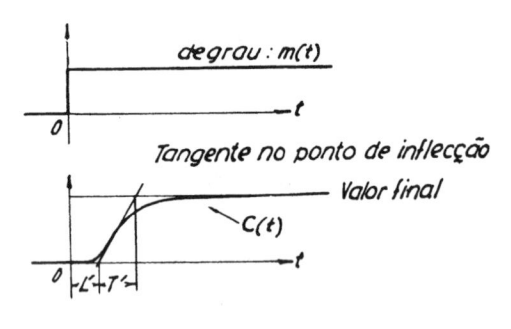

fig. 7-32

Das Figs. 7-31 e 7-32, pode-se dizer que na ligação em cascata de capacitâncias múltiplas a função de transferência global do sistema é o produto de todas as funções de transferência individuais.

A resposta transitória desse tipo de processo ficará em forma da letra S, como na Fig. 7-33.

fig. 7-33

Denomina-se T' a constante de tempo equivalente e L' o tempo morto equivalente na Fig. 7-33.

Como se vê na figura o sistema possui auto-regulação, porém a regulação será mais difícil por causa do tempo morto.

(III) TEMPO MORTO

Num processo como o da Fig. 7-34 o pH da salmoura não mudará prontamente e até adquirir o valor final de pH no trecho horizontal levará um certo tempo.

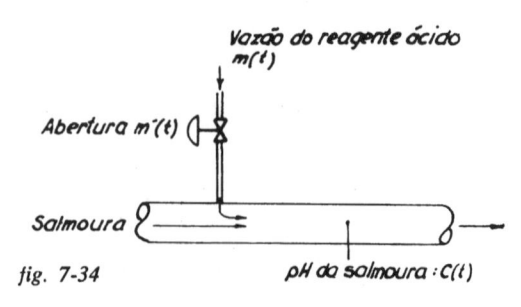

fig. 7-34

A resposta transitória desse tipo de processo é como mostra a Fig. 7-35 e é chamado de tempo morto o atraso na resposta.

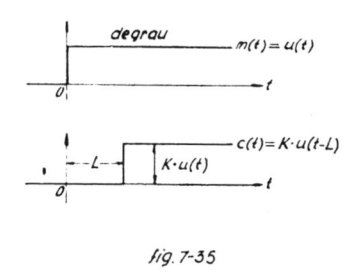

fig. 7-35

A equação do degrau é

$$m(t) = u(t) = 1 \quad t \quad 0 \atop = 0 \quad t < 0 \Big\} \qquad (49)$$

O transformado laplaciano do degrau é conhecido como

$$M(s) = L \mid m(t) \mid = U(s) = \frac{1}{s} \qquad (50)$$

Por outro lado a equação da variável controlada $c(t)$ de um processo com um tempo morto L é

$$c(t) = K \cdot u \, (t - L) \qquad (51)$$

onde $K = $ Ganho do processo.

Pelo teorema de translação da transformação de Laplace e da Eq. (50)

$$L \mid u \, (t - L) \mid = e^{\,Ls} \, L \mid u \, (t) \mid = e^{\,Ls} \, U \, (s) = \frac{e^{\,Ls}}{s} \qquad (52)$$

$$C(s) = K \cdot L \cdot \mid u \, (t - L) \mid = K \cdot \frac{e^{\,Ls}}{s} \qquad (53)$$

Das Eqs. (50) e (53) a função de transferência desse tipo de processo é

$$G(s) = \frac{C(s)}{M(s)} = \frac{K \cdot e^{\,Ls}}{s} \times \frac{1}{1/s} = K \cdot e^{\,Ls} \qquad (54)$$

(IV) TEMPO MORTO + CAPACITÂNCIA SIMPLES

Esse tipo é uma combinação dos dois tipos já descritos anteriormente.

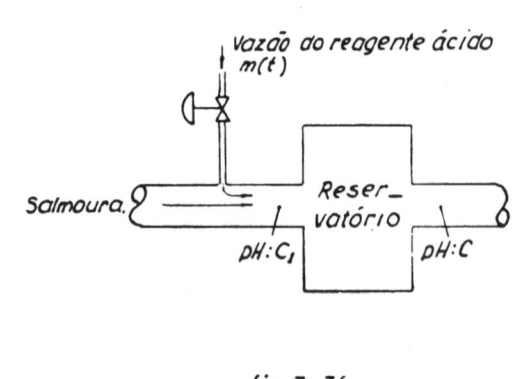

fig. 7-36

No processo ilustrado na Fig. 7-36 o pH antes do reservatório é simplesmente do tipo de tempo morto, porém o pH após o reservatório já é o tipo de tempo morto + capacitância.

A função de transferência desse tipo de processo é, portanto, a combinação em cascata dos dois tipos. A procedência da combinação é feita utilizando a Fig. 7-35, a Fig. 7-25, a Eq. (54) e a Eq. (47), resultando na Fig. 7-37.

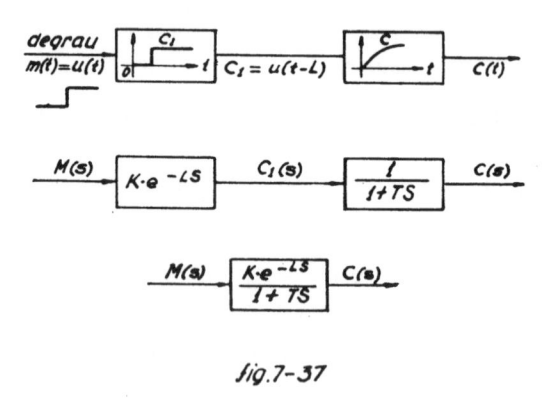

fig.7-37

A resposta do processo para um degrau é ilustrada na Fig. 7-38.

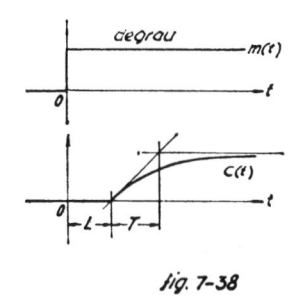

fig. 7-38

Comparando a Fig. 7-38 com a Fig. 7-33, nota-se que esse tipo de processo é muito assimilado ao tipo S. Portanto, às vezes emprega-se esse tipo como aproximação do tipo S.

(V) RESPOSTA LINEAR

Como já se demonstrou no capítulo de "Introdução", num reservatório ilustrado na Fig. 7-39 existirá uma resposta linear como mostra a Fig. 7-40.

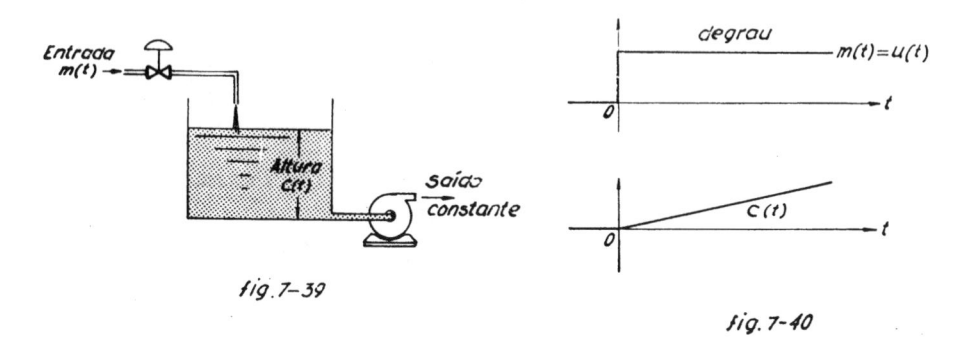

fig. 7-39

fig. 7-40

A característica desse tipo de processo é idêntica à do regulador *reset* do exemplo anterior (ver a Fig. 7-15).

Portanto, a função de transferência é, da Eq. (38)

$$G(s) = \frac{1}{Ts} \qquad (55)$$

onde T representa a capacidade (área transversal no caso) do reservatório.

(VI) RESPOSTA IMEDIATA

Supondo-se um caso especial como por exemplo um processo de capacitância simples com a sua constante de tempo $T = O$, ou um tipo de tempo
morto com o seu tempo $L = O$, a resposta do processo será imediata.

A transmissão de pressão num sistema hidráulico ou a vazão de um líquido, por exemplo, são considerados como desse tipo de processo.

A resposta e a função de transferência do processo serão como no caso
do regulador proporcional, e vêem ilustradas nas Figs. 7-41 e 7-42.

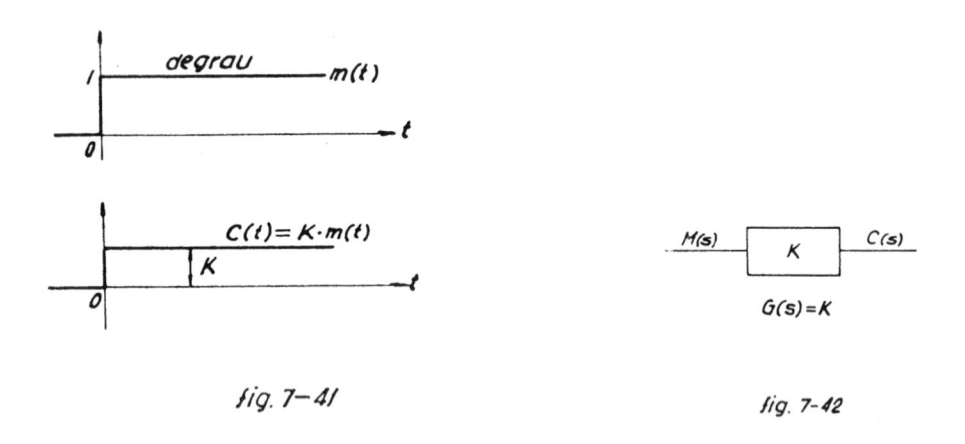

fig. 7-41   fig. 7-42

A transmissão de pressão em um sistema de gás, por exemplo a tiragem
de uma câmara de combustão, é aparentemente desse tipo, porém com os valores de L e T muito pequenos. Portanto, deve-se considerá-la do tipo (IV).

(VII) RESPOSTA NEGATIVA

Citando o exemplo de um tambor de vapor de caldeira, para um aumento
brusco na alimentação de água o resultado será a diminuição momentânea do
nível e não o aumento do nível.

Referindo-se à Fig. 7-43, a análise desse fenômeno é a seguinte: com o
aumento de entrada de água fria a temperatura da água no tambor cai. A
diminuição da temperatura diminui a ebulição da água cujo borbulhamento
é menos forte, o que diminui a medida do nível. Porém, esse efeito naturalmente tende a se saturar com o tempo. Esse é um tipo de capacitância simples como representado na curva $C_2(t)$ da figura.

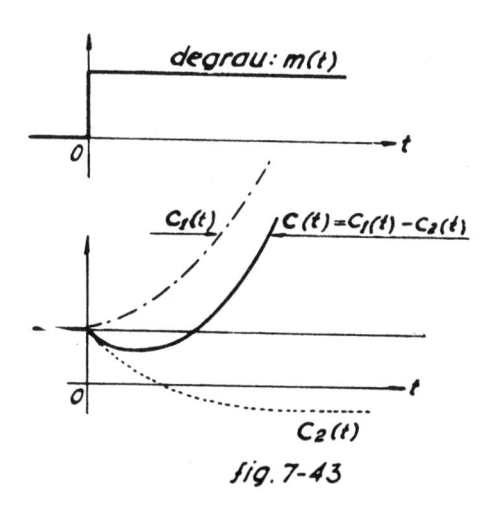

$$fig. 7-43$$

Por outro lado, o aumento do volume devido à alimentação é cumulativo e o aumento no nível provocado por esse fator será representado na curva $C_1(t)$ da figura.

Portanto, a resultante será a curva $C(t)$.

A função de transferência desse tipo de processo são as combinações em cascata e em paralelo das capacitâncias, como por exemplo:

$$G(s) = C_1(s) - C_2(s)$$

$$= \frac{K_1}{s\,(1 + T_1 s)} - \frac{K_2}{(1 + T_2 s)}$$

$$= \frac{K_1\,(1 + T_3 s)\,(1 - T_4 s)}{s\,(1 + T_1 s)\,(1 + T_2 s)}$$

SECÇÃO (8)

CRITÉRIOS DE ESTABILIDADE

As condições de estabilidade de um sistema de regulação podem ser estudadas utilizando as equações íntegro-diferenciais. Porém, são demasiadamente complicadas e, portanto, não são utilizadas normalmente.

Existem vários critérios mais simples sobre a determinação da estabilidade principalmente por meio de gráficos e diagramas. São: critério de Nyquist, método baseado na resposta senoidal (Diagramas de Bode e Nichols), método de ROOT LOCUS de Evans, Critério de Routh-Hurwitz, etc.

Porém, todos os métodos são baseados num princípio já descrito na Eq. (15) ou seja "a equação característica" da malha de regulação, isto é

$$1 + G_1 G_2 = O \tag{56}$$

onde fizemos $H = 1$, excluindo o transmissor.

Na Eq. (56) G_1 representa a função de transferência do regulador explicada na secção § 6 e G_2 a função de transferência do processo explicada na secção § 7.

Cada método tem sua maneira particular de desenvolver essa equação e determinar seu critério.

Para exemplificar cita-se o critério de Routh-Hurwitz

AS CONDIÇÕES DE ESTABILIDADE DE ROUTH-HURWITZ

A equação característica $1 + G_1 G_2 = O$ pode ser escrita numa forma generalizada como segue

$$B(s) = an\ s^n + an\text{-}1\ s^{n\text{-}1} + \ldots\ldots + a_2 s^2 + a_1 s + a_0 \tag{57}$$

O sistema será estável se satisfaz as seguintes três condições:

(1.º)   Existem todos os coeficientes an, $an\text{-}1$, ..., a_1, a_0 e não falta nenhum.

(2.º)   Todos os coeficientes são do mesmo sinal.

(3.º)   Fazendo uma tabela especial dos coeficientes, como na Tab. 7-1,

TABELA 7-1

COLUNA FILA		1.º	2.º	3.º	4.º	5.º
1.º	S^n	a_n	a_{n-2}	a_{n-4}		
2.º	S^{n-1}	a_{n-1}	a_{n-3}	a_{n-5}		
3.º	S^{n-2}	c_1	c_2	c_3		
4.º	S^{n-3}	d_1	d_2	d_3		
$(n-1)$.º	S^1	j_1				
n.º	S^0	k_1				

onde

$$C_1 = \frac{an\text{-}1\ an\text{-}2 - an\ an\text{-}3}{an\text{-}1} \qquad\qquad C_2 = \frac{an\text{-}1\ an\text{-}4 - an\ an\text{-}5}{an\text{-}1}$$

$$d_1 = \frac{C_1\ an\text{-}3 - an\text{-}2\ C_2}{C_1} \qquad\qquad d_2 = \frac{C_1\ an\text{-}5 - an\text{-}1\ C_3}{C_1}$$

Todos os coeficientes derivados da 1.ª coluna, isto é, an, $an\text{-}1$, C_1, d_1, ..., J_1 e K_1 devem ser do mesmo sinal.

Aplicação do critério de Routh

(I) Processo com capacitância simples

A função de transferência do processo é, da Eq. (47)

$$G_2\ (s) = \frac{1}{1 + Ts} \tag{58}$$

(a) Com regulador proporcional

A função de transferência do regulador é, da Eq. (34)

$$G_1\ (s) = K \tag{59}$$

A equação característica é, portanto, das Eqs. (58) e (59)

$$B(s) = 1 + G_1(s) \cdot G_2(s) = 1 + \frac{K}{1 + Ts} = O$$

ou seja

$$Ts + (K + 1) = O \tag{60}$$

Todas as três condições são satisfeitas na Eq. (60).

Portanto o sistema é incondicionalmente estável.

(b) Com regulador *reset*

Da Eq. (38)

$$G_1(s) = \frac{1}{T_i s}$$

$$B(s) = 1 + G_1(s) \cdot G_2(s) = 1 + \frac{1}{T_i s} \ \frac{1}{1 + Ts}$$

$$= \frac{T_i\, T\, s^2 + T_i\, s + 1}{T_i\, s\, (1 + Ts)} = 0$$

$$T_i\, T\, s^2 + T_i\, s + 1 = 0 \qquad (61)$$

As primeiras duas condições são sem dúvida satisfeitas.

A 3.ª condição é

$$
\begin{array}{cc}
+ \quad T_i \quad T & \\
+ \quad T_i & +\ 1 \\
+ \quad 0 & \overline{\quad +\ 0 \quad}
\end{array}
$$

também satisfeita; portanto, é estável.

(II)   Processo com dupla capacitância

A função de transferência do processo é, da Eq. (48)

$$G_2(s) = \frac{1}{(1 + T_1 s)\,(1 + T_2 s)}$$

(a)   Com regulador proporcional

$$B(s) = 1 + G_1(s) \cdot G_2(s) = 1 + \frac{K}{(1 + T_1 s)\,(1 + T_2 s)} = 0$$

$$\text{ou } T_1\, T_2\, s^2 + (T_1 + T_2)s + (K + 1) = 0 \qquad (62)$$

Portanto, é incondicionalmente estável.

(b)   Com regulador *reset*

A equação característica é

$$B(s) = 1 + G_1(s) \cdot G_2(s) = 1 + \frac{1}{T_i\, s} \cdot \frac{1}{(1 + T_1 s)\,(1 + T_2 s)} = 0$$

$$\text{ou } T_i\, T_1\, T_2\, s^3 + T_i\,(T_1 + T_2)s^2 + T_i s + 1 = 0 \qquad (63)$$

A 3.ª condição de Routh é

$$
\begin{array}{ll}
\dotplus\ T_i\ T_1\ T_2 & +\ T_i \\
+\ T_i(T_1 + T_2) & +\ 1 \\
\quad C_1 & \\
+\quad D_1 &
\end{array}
\qquad \text{onde } C_1 = \frac{T_i^2(T_1 + T_2) - T_i\ T_1\ T_2}{T_i(T_1 + T_2)}
$$

$$
D_1 = \frac{C_1 - 0}{C_1} = 1
$$

Para que o sinal do coeficiente C_1 também seja $+$, deve-se satisfazer

$$
T_i^2\ (T_1 + T_2) - T_i\ T_1\ T_2 > 0
$$

ou
$$
T_i > \frac{T_1\ T_2}{T_1 + T_2} \tag{64}
$$

Portanto, esse caso é condicionalmente estável.

(c) Com regulador proporcional $+$ *reset*

Da Eq. (40)

$$
G_1\ (s) = K\ \left(\frac{1}{T_i\ s} + 1 \right)
$$

A equação característica é

$$
B(s) = 1 + G_1(s) \cdot G_2(s) = 1 + K\left(\frac{1}{T_i\ s} + 1 \right) \frac{1}{(1 + T_1 s)\ (1 + T_2 s)}
$$

ou
$$
T_i\ T_1\ T_2\ s^3 + T_i\ (T_1 + T_2)\ s^2 + T_i\ (K + 1)\ s + K = 0
$$

A 3.ª condição é

$$
\begin{array}{ll}
+\ \ T_i\ T_1\ T_2 & +\ T_i\ (K + 1) \\
+\ \ T_i(T_1 + T_2) & +\ K \\
\quad C_1 & \\
+\quad D_1 &
\end{array}
\qquad \text{onde}
$$

$$
C_1 = \frac{T_i^2(T_1 + T_2)\ (K + 1) - K\ T_i\ T_1\ T_2}{T_i\ (T_1 + T_2)}
$$

$$
D_1 = \frac{C_1\ K - 0}{C_1} = K
$$

Para que o coeficiente C_1 também seja positivo

$$
T_i^2\ (T_1 + T_2)\ (K + 1) - K\ T_i\ T_1\ T_2 > 0
$$

ou
$$T_i > \frac{K}{K+1} \cdot \frac{T_1 \, T_2}{T_1 + T_2} \qquad (65)$$

Comparando a Eq. (64) com a Eq. (65), pode-se dizer que no regulador proporcional + *reset* o tempo de *reset* pode ser menor do que o tempo do regulador *reset* somente.

(III)   Processo com resposta linear

A função de transferência de processo é, da Eq. (55)

$$G_1 \, (s) = \frac{1}{Ts}$$

(a)   Com regulador proporcional

A equação característica é

$$B(s) = 1 + G_1(s) \cdot G_2(s) = 1 + \frac{K}{Ts} = \frac{Ts + K}{Ts} = 0$$

É incondicionavelmente estável.

(b)   Com regulador *reset*

$$B(s) = 1 + G_1(s) \cdot G_2(s) = 1 + \frac{1}{T_i \, s} \cdot \frac{1}{Ts} = 0$$

ou
$$T_i \, Ts^2 + 1 = 0 \qquad (66)$$

Note que não existe o coeficiente do termo s^1 na Eq. (66), isto é, $a_1 = 0$.

Portanto, é incondicionavelmente instável.

SECÇÃO (9)

AJUSTE ÓTIMO DOS REGULADORES

Como já se descreveu no início deste capítulo, o objetivo de uma regulação é obter a estabilidade no processo com o mínimo tempo de estabilização.

A avaliação de *performance* de uma regulação é feita considerando os fatores ilustrados na curva de resposta da Fig. 7-44.

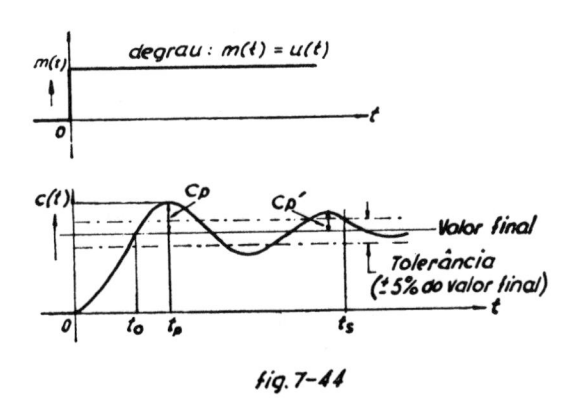

fig. 7-44

Onde

C_p = *overshoot* máximo em % do valor final

t_p = tempo correspondente ao *overshoot* máximo

t_o = tempo em que a variável controlada corta o eixo correspondente ao valor final pela primeira vez

t_s = tempo de estabilização (tempo necessário para que a variável controlada fique dentro da tolerância)

ω_d = freqüência de oscilação

E_o = *offset* (se existir)

Existem vários métodos que determinam os ajustes ótimos dos reguladores baseados em princípios diferentes.

Apresenta-se em seguida alguns exemplos dos ajuste ótimos.

(I) Método baseado na área mínima de controle (Ziegler-Nichols)

Neste método considera-se como melhor curva de resposta aquela que tenha a menor área entre essa curva e o eixo do valor desejado. Essa área é ilustrada, hachurada, na Fig. 7-45.

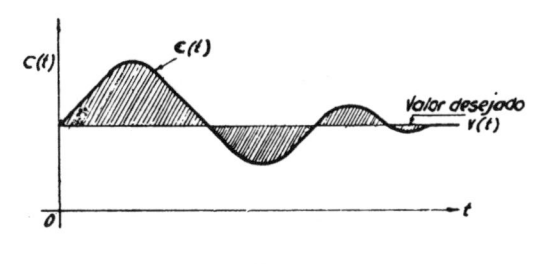

fig. 7-45

A expressão matemática dessa área é:

$$A = \int_0^\infty \left[v(t) - c(t) \right] dt = \int_0^\infty e(t)dt \tag{67}$$

Para que possa aplicar esse método, antes de mais nada, precisa-se executar um teste abrindo a malha de regulação como se representa à Fig. 7-46 e obter uma curva de reação do processo + o transmissor se for o caso.

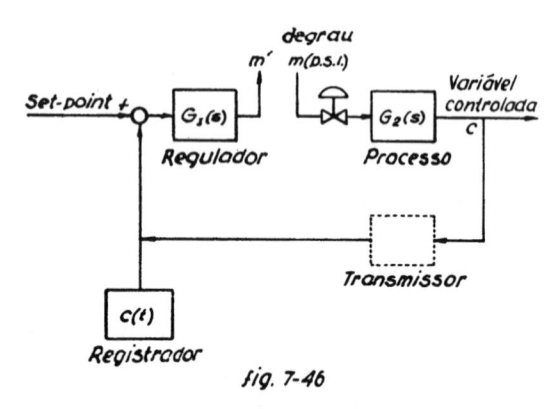

fig. 7-46

A finalidade desse teste é o seguinte: no método de Ziegler-Nichols utilizam-se dois processos simples, isto é, o tipo de tempo morto + resposta linear e o tipo de tempo morto + capacitância simples, como aproximação de processos mais complexos (por exemplo o tipo S).

Uma vez feita essa aproximação e obtidos os valores que determinam a curva de reação calculam-se os ajustes ótimos do regulador pelas fórmulas simples desenvolvidas empiricamente.

Os dois processos utilizados na aproximação são:

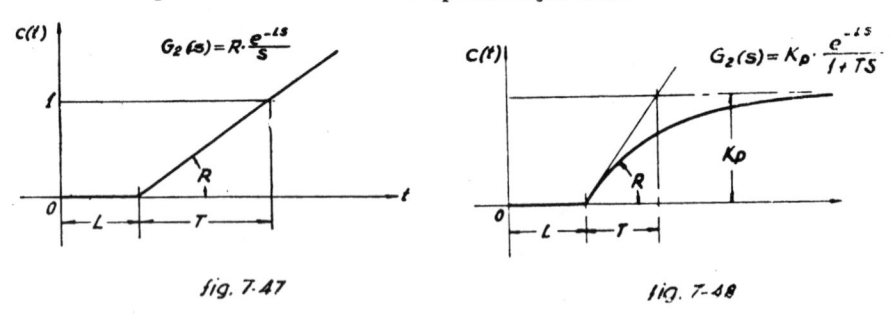

fig. 7-47   fig. 7-48

Nas Figs. 7-47 e 7-48 a razão L/T representa o grau de facilidade na regulação do processo. Quanto maior for esse valor, tanto mais difícil será a regulação e o regulador necessitará de um tipo mais aperfeiçoado.

Na Fig. 7-47

$$R = \frac{K_p}{T} \left(\frac{\text{Variação em } \% \text{ da variável controlada}}{\text{minutos}} \right)$$

R é chamado velocidade de reação do processo. Exemplificando: num regulador com a escala de 0 a 200°C controlando a temperatura a 60°C, se a temperatura aumentar a 65°C em 2 minutos em conseqüência do degrau dado na válvula, R será

$$R = \frac{\dfrac{65 - 60}{200} \times 100}{2} = \frac{2,5}{2} = 1,25 \left(\frac{\%}{\text{min}} \right)$$

Utilizando os reguladores idealizados que já foram descritos anteriormente (ver as Eqs. 34, 40, 45 e 46) eles obtiveram os ajustes ótimos como na Tabela 7-2.

TABELA 7-2

Ação do regulador	Banda proporcional	T_i	T_d	Período de oscilação
p	$\dfrac{100\ RL}{\Delta p}$	–	–	$5L$
p + I	$\dfrac{110\ RL}{\Delta p}$	$3,3L$	–	$6L$
P + D	$\dfrac{83\ RL}{\Delta p}$	–	$0,3L$	$3,8L$
p + I + D	$\dfrac{83\ RL}{\Delta p}$	$2L$	$0,5L$	$3,2L$

* Δp = porcentagem do degrau dado à válvula de regulação. Por exemplo, se foi dado 0,6 p.s.i. de degrau na válvula

$$\Delta p = 100 \times \frac{0,6}{12} = 5$$

(II) Método baseado no tempo mínimo de estabilização sem "overshoot" ou com "overshoot" de 20%

Utilizando computadores análogos, Chien, Hrones e Reswick obtiveram os ajustes ótimos baseando-se nas duas curvas de respostas ideais como nas Figs. 7-49 e 7-50, isto é, sem *overshoot* e com *overshoot* de 20º/0, respectivamente com um mínimo de tempo de estabilização.

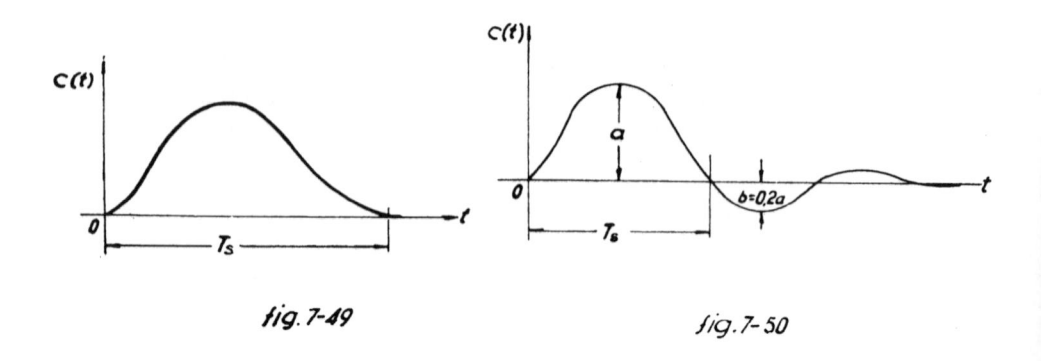

fig. 7-49   *fig. 7-50*

A Tabela 7-3 mostra o resultado:

TABELA 7-3.

	Sem overshoot			Com overshoot de 20%		
	B.P.	T_i	T_d	B.P.	T_i	T_d
P	$\dfrac{330\,RL}{\Delta P}$	–	–	$\dfrac{140\,RL}{\Delta P}$	–	–
P+I	$\dfrac{167\,RL}{\Delta P}$	4L	–	$\dfrac{140\,RL}{\Delta P}$	2,3L	–
P+I+D	$\dfrac{110\,RL}{\Delta P}$	2,4L	0,4L	$\dfrac{83\,RL}{\Delta P}$	2L	0,42L

(III) Método de sensibilidade última (Ziegler-Nichols)

Neste método considera-se como curva de resposta aquela que tenha a razão dos valores máximos consecutivos de oscilação igual a 1 : 1/4; no exemplo da Fig. 7-44, $C_p : C'_p = 1 : 1/4$.

Para aplicar esse método deve-se colocar o regulador em ação proporcional, colocando os valores de *reset* e de derivativo, se existirem, para satisfazer $T_i = \infty$ e $T_d = 0$. Variando os valores da sensibilidade K, obter-se-á um valor limite onde a oscilação da variável controlada torna-se uniforme; isto é, com a sensibilidade maior que esse limite o sistema entrará em oscilação ampliadora, enquanto com a sensibilidade menor que esse limite a oscilação será amortecida.

Denomina-se sensibilidade última K_u a essa sensibilidade limite e período último o período da oscilação constante provocada por essa sensibilidade. Nessas condições os ajustes ótimos são conforme a Tabela 7-4.

TABELA 7-4

	K	Banda proporcional	T_i	T_d
P	$0.5 K_u$	$2 PB_u$*	–	–
P + I	$0.45 K_u$	$2.2 PB_u$	$0.83 P_u$	–
P + D	$0.6 K_u$	$1.6 PB_u$	–	$0.125 P_u$
P + I + D	$0.6 K_u$	$1.6 PB_u$	$0.5 P_u$	$0.125 P_u$

* PB_u : a banda proporcional correspondente a sensibilidade última K_u

CAPÍTULO VIII

DISPOSITIVOS DE SEGURANÇA

SECÇÃO (1)

ALARME

Num sistema de regulação é bem freqüente encontrar o uso de alarme. O alarme pode ser acústico, visual ou ambos.

O acionamento do alarme é normalmente conseguido por emprego de pressiostatos ou qualquer contato elétrico em conjunto com um circuito elétrico. Às vezes emprega-se um sistema de alarme puramente pneumático.

Porém, neste capítulo exemplifica-se o sistema mais usado nas indústrias. Este é ilustrado na Fig. 8-1.

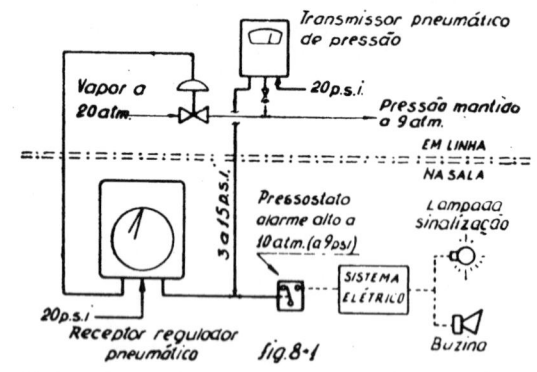

fig. 8-1

O circuito elétrico desse sistema de alarme é o seguinte:

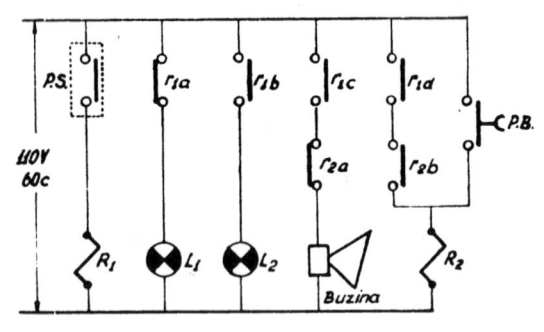

fig. 8-2

PS = contatos do pressiostato
L_1 = lâmpada verde
L_2 = lâmpada vermelha
R_1 e R_2 = relês eletromagnéticos

r_{1a} a r_{1d} = contatos de relê R_1
r_{2a} e r_{2b} = contatos de relê R_2
   Bp = botão de operação manual para silenciar a buzina
   Bu = buzina elétrica

Funcionamento

1) O controlador está trabalhando no valor desejado da variável: a posição do sistema é a que está indicada na Fig. 8-2 com a lâmpada verde L_1 acesa.
2) O valor da variável chega a um ponto perigoso e o contato do pressiostato se fecha imantando o relê R_1
3) Imantando o relê R_1
   Desliga-se o contato r_{1a} apagando a lâmpada verde L_1
   Liga-se o contato r_{1b} acendendo a lâmpada vermelha L_2
   Liga-se o contato r_{1c} tocando a buzina Bu
4) O operador reconhecendo o alarme pressiona o botão B_p que fecha instantaneamente, porém, abre novamente por sua própria construção mecânica.
   No instante que o botão B_p é fechado: o relê R_2 é imantado e continua a ser imantado através do seu próprio contato fechado r_{2b} e outro contato r_{1d} que já se encontra fechado pelo relê R_1. O relê R_2 continua imantado enquanto durar a situação de perigo.
5) Imantando o relê R_2 abre-se o contato r_{2a} e a buzina pára de tocar.
6) Quando o valor da variável volta a normal o contato PS abre e o sistema retorna à posição inicial.

SECÇÃO   (2)

SEGURANÇA DE CHAMA

Os equipamentos industriais utilizando combustíveis, tais como forno a gás e caldeira a óleo, devem ser protegidos nos casos das extinções acidentais da chama ou das falhas de ignição.

O dispositivo detector de chama fecha a válvula de alimentação de combustível nos casos acima citados e possibilita programar o sistema de baleagem da câmara de combustão e de re-ignição.

O detector de chama utiliza o efeito de luminosidade de certos materiais fotoelétricos chamados fotodetectores para fazer a detecção. São conhecidos três tipos de fotodetectores: fotoemissivo, fotocondutivo e fotovoltaico.

O detector fotoemissivo é normalmente uma válvula eletrônica que consiste de um cátodo e de um ânodo. O cátodo é coberto por um material fotoemissivo, por exemplo selênio, césio ou óxido de cobre, que emite elétrons sob presença da luz visível. Esse tipo de detector tem a desvantagem de ter tamanho maior e necessitar de amplificadores.   Porém, tem como vantagem resposta rápida.

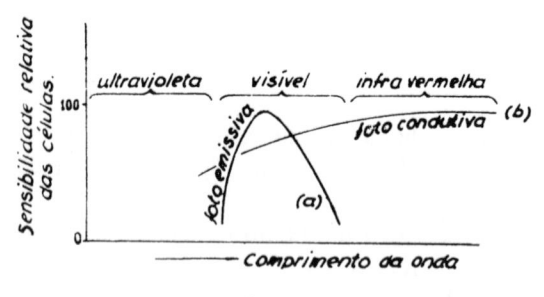

fig. 8-3

A sua sensibilidade em relação ao comprimento de onda é como mostra a curva *(a)* da Fig. 8-3.

O detector fotocondutivo de semicondutor como de sulfito de chumbo ou de sulfito de cádmio, também chamado de fotorresistor, transforma a variação da luz em variação da resistência elétrica interna.   Sua resistência em função da intensidade do fluxo radiante é como mostra a Fig. 8-4.

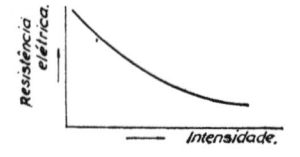

fig. 8-4.

A resistência do detector fotocondutivo pode ser de 10 megaohms sem a luz e de 100 ohms na presença da luz.   Utilizando esta propriedade no circuito eletrônico pode-se obter um detector de chama.

As células fotocondutivas são mais sensíveis na zona de raio infravermelho como mostra a curva *(b)* da Fig. 8-3.

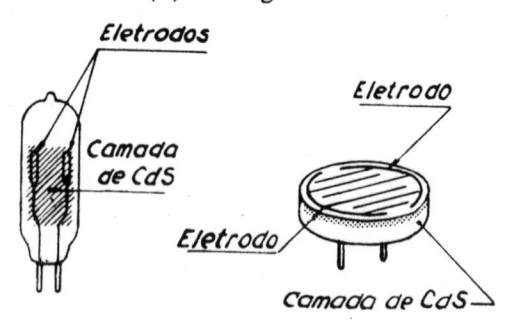

fig. 8-5

Na Fig. 8-5 ilustra-se exemplos das células fotocondutivas.

O detector fotovoltaico de silício, por exemplo, gera um potencial elétrico sob presença da luz. Sua aplicação no detector de chama não está ainda difundida.

Características da chama

Analisando a distribuição da radiação de uma chama, tem-se três partes principais como mostra a Fig. 8-6.

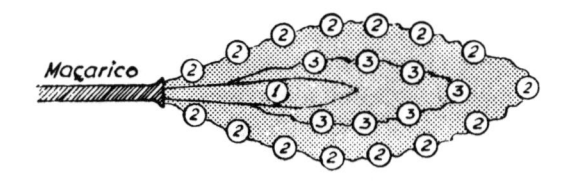

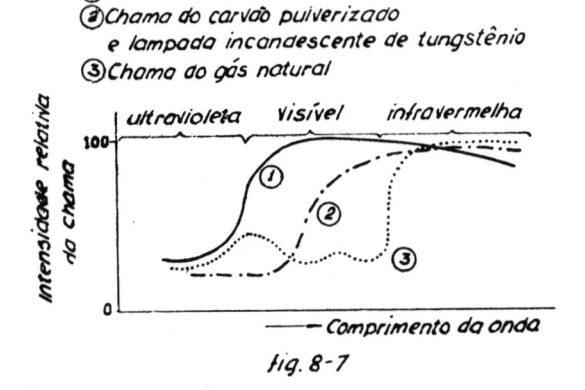

fig. 8-6

Analisando a distribuição de energia radiante da chama de vários tipos de combustíveis obtém-se as curvas como da Fig. 8-7.

fig. 8-7

Observando as Figs. 8-3, 8-6 e 8-7 pode-se concluir que as células fotocondutivas possuem uma faixa mais ampla de utilização do que as válvulas fotoemissivas. Elas são mais empregadas pela sua simplicidade, alta sensibilidade e baixo custo.

SECÇÃO   (3)

P S V (VÁLVULAS DE SEGURANÇA)

A válvula de segurança é indispensável para proteger os aparelhos e tubulações contra pressões excessivas. Essas válvulas são utilizadas quando se pode proteger a instalação com descargas não muito grandes. Para proteger a instalação onde requer descargas grandes e abruptas não utilizados outros tipos de proteção como o disco de explosão.

Existem diversos tipos de válvulas de segurança, mas elas são classificadas em dois grupos:

PSV a ação direta	com mola	de alto curso
	com contrapeso	de baixo curso
PSV com válvula piloto		

A PSV ilustrada na Fig. 8-8 é o tipo mais empregado.

Ela funciona baseada no equilíbrio entre a pressão de fluído aplicada contra o disco vedante e a mola (ou o contrapeso).

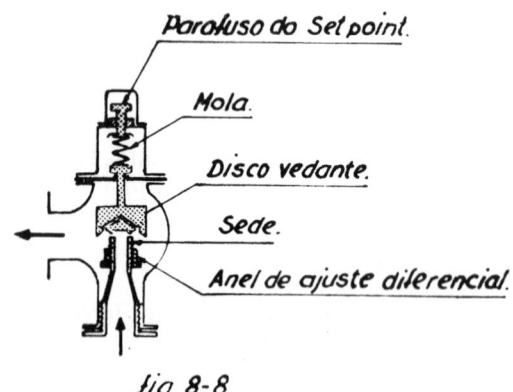

fig. 8-8

Esse tipo de válvula tem a desvantagem de oferecer menor força de vedação com o aumento de pressão, como se pode verificar na curva *(a)* da Fig. 8-9.

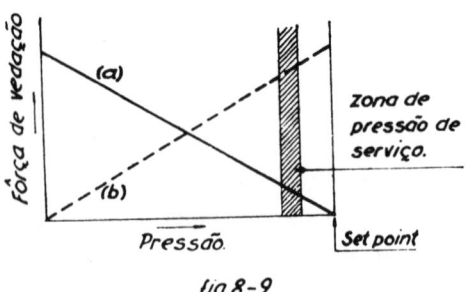

fig 8-9

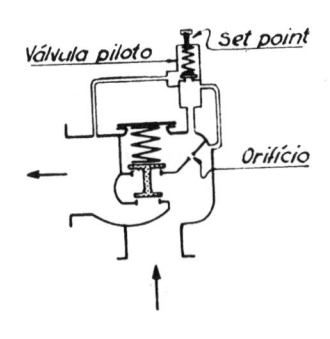

fig. 8-10

O segundo tipo é de dupla sede com a válvula piloto externa como mostra a Fig. 8-10.

Esse tipo de válvula dispõe de uma força maior de vedação do que o anterior, como mostra a curva *(b)* da Fig. 8-9, porém é certamente mais caro e utilizado somente para os tamanhos grandes.

A PSV de alto curso tem o curso de abertura do disco vedante da ordem de 1/4 do diâmetro da sua sede. O disco vedante é guiado pela haste superior. Normalmente a sua sede é rosqueada no corpo da válvula e possui um anel rosqueado para ajustagem do diferencial como ilustrado na Fig. 8-8.

A PSV de baixo curso tem o curso de abertura do disco vedante da ordem de 1/10 a 1/15 do diâmetro da sua sede. O disco vedante é guiado pela sua parte inferior onde existem guias em forma de aletas como na Fig. 6-9. Normalmente ela não tem ajuste do diferencial e tem a desvantagem de que as guias são sujeitas a engripamento pelo acúmulo de impurezas do fluido.

Qualquer que seja o tipo, a PSV é ajustada normalmente 10 a 20% acima da pressão de serviço do processo. Porém, como se vê da Fig. 8-9, quanto maior for essa margem tanto maior será a força disponível para a vedação. Normalmente, espera-se a precisão de ajuste de uma PSV da ordem de ± 3% do *set point*. Portanto, a PSV ajustada bem próximo à pressão de serviço está sempre sujeita a vazamento. Por exemplo, a PSV na descarga de uma bomba ou de um compressor deve ser ajustada o mais alto possível para evitar a abertura imprevista causada pelas pulsações de pressão.

De qualquer maneira, o ajuste de uma PSV deve ser verificado periodicamente, de preferência ainda nas condições de serviço, por exemplo uma vez por ano pois o ajuste pode se alterar com o tempo. Por exemplo, a tensão da mola de uma PSV funcionando a alta temperatura pode diminuir e abrir com a pressão menor do que o *set point*. Por isso, quando se ajusta a frio uma PSV destinada a alta temperatura, deve-se ajustá-la a uma pressão mais alta do que o *set point*. Por exemplo, a PSV que trabalha acima de 120ºC deve ser ajustada de 3 a 5%, acima da pressão desejada quando a calibração da mesma é feita à temperatura ambiente.

No funcionamento de uma PSV é muito importante a pressão diferencial entre as pressões de abertura e de fechamento.

Referindo-se à Fig. 8-8, ajustando-se o anel do diferencial à posição mais alta, a rapidez na abertura da válvula aumentará, porém, aumentando também o diferencial, isto é, a pressão de fechamento será menor ou seja mais próxima à pressão de serviço. Pelo contrário, se o anel estiver na posição mais baixa a PSV abrirá muito lentamente, porém diminuindo o diferencial.

Em alguns casos o diferencial pode chegar a ser de 10%. Porém, quanto maior for o diferencial tanto maior será a possibilidade de vazamento. Na maioria dos casos o diferencial deve ser ajustado a 5%. No caso especial de um tambor de vapor de uma caldeira o diferencial não deve ultrapassar 3%.

Quando se escolhe o tamanho da PSV normalmente emprega-se as fórmulas semelhantes às de Cv das válvulas de regulação fornecidas pelo fabricante. Porém uma boa regra é escolher um tamanho nominal a menos do que a tubulação de entrada para o aparelho protegido, por exemplo, a PSV de φ 1 1/2″ para a linha de 2″, ou colocar duas PSV em paralelo, de dois tamanhos nominais a menos, quando a pressão a jusante da PSV é atmosférica ou na sua proximidade.

Um outro fator importante na montagem de uma PSV é que as suas linhas de entrada e de descarga nunca sejam menores do que o próprio tamanho da PSV para evitar as perdas de carga indesejáveis.

APÊNDICE — I

Dedução da equação da vazão

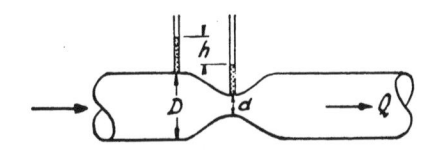

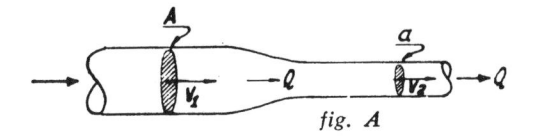

fig. A

Existe uma relação definida entre a velocidade do fluido e a pressão diferencial através de qualquer dispositivo de estrangulamento dentro de uma tubulação.

O estrangulamento na linha provoca um aumento de velocidade resultando numa queda de pressão e produzindo uma pressão diferencial.

Essa relação baseia-se no teorema de conservação da energia e se representa pela equação de Bernoulli e pela equação da continuidade.

O teorema de Bernoulli diz:

Energia cinética + Energia potencial = constante em qualquer ponto na linha ou

$$\frac{V^2}{2g} + \frac{p}{\gamma} = \text{const.}$$

onde V = velocidade do fluido
p = pressão estática
g = aceleração da gravidade
γ = densidade do fluido

Supondo dois pontos numa tubulação horizontal, um a montante e outro a jusante do estrangulamento, obtemos:

$$\frac{V_1^2}{2g} + \frac{P_1}{\gamma} = \frac{V_2^2}{2g} + \frac{P_2}{\gamma}$$

ou $\dfrac{V_2^2 - V_1^2}{2g} = \dfrac{P_1 - P_2}{\gamma} = h$ ou $V_2^2 = 2gh + V_1^2$ \hfill (1) onde h = diferença de altura manométrica do fluido antes e depois do estrangulamento.

Por outro lado, a equação de continuidade diz:

$$V_1 A = V_2 a = O \text{ ou } V_1 = \frac{a}{A} V_2 \tag{2}$$

onde A = área transversal do tubo   = $\pi D^2/4$
     a = área transversal do estrangulamento = $\pi d^2/4$
     Q = vazão

Substituindo o valor V_1 da Eq. (2) na Eq. (1) tem-se:

$$V_2{}^2 = 2gh + V_1{}^2 = 2gh + \frac{a^2}{A^2} V_2{}^2$$

$$\therefore V_2{}^2 - \frac{a^2}{A^2} V_2{}^2 = 2gh$$

$$\therefore V_2 = \sqrt{\frac{2gh}{1 - \frac{a^2}{A^2}}} = \sqrt{\frac{2gh}{1 - \left(\frac{d}{D}\right)^4}} = \sqrt{\frac{2gh}{1 - \beta^4}} \tag{3}$$

onde fizemos $\dfrac{d}{D} = \beta$: razão dos diâmetros.

Das Eqs. (2) e (3), obtém-se a vazão Q

$$Q = V_2 a = a\sqrt{\frac{2gh}{1 - \beta^4}} = C_1 a \sqrt{2gh}$$

onde

$$C_1 = \frac{1}{\sqrt{1 - \beta^4}}$$

Como essa equação é puramente teórica, precisamos introduzir um fator C_2 para levar em conta os fatores não considerados na dedução da fórmula, mas existentes na prática, como rugosidade dos tubos, defeitos de usinagem, dilatação pela temperatura, etc.

Então a vazão real ficará

$$Q = C_1 C_2 a \sqrt{2gh} = C \cdot a \sqrt{2gh} \tag{4}$$

onde $C_1 C_2 = C$: coeficiente de escoamento (geralmente entre 0,6 e 0,96)

O coeficiente C é composto de diversos fatores empíricos que representaremos com símbolos arbitrários que diferem conforme autores.

(Exemplo) **Fórmula FOXBORO para os líquidos**

$$Q = \left(\frac{0{,}0003959 \; D^2 \; Fa \; Fm \; Fc \; \sqrt{Gf} \; S}{G_1} \right) \sqrt{h}$$

onde, da Eq. (4)

$$\frac{0{,}0003959 \; D^2 \; Fa \; Fm \; Fc \; \sqrt{Gf} \; S}{G_1} \; \text{é} \; Ca \; \sqrt{2g}$$

APÊNDICE — II

Dedução da Eq. (19) — Capítulo VII (pág. 184)

$$\text{Da Eq. (16)} \quad p_0 - p = T \ \frac{dp}{dt}$$

ou
$$dt = \frac{T}{p_0 - p} \cdot dp \tag{1}$$

Executando a integração nos dois membros da Eq. (1) obtém-se

$$t + \text{const.} = - T \log (p_0 - p) \tag{2}$$

No início a pressão na câmara é zero, isto é

$$p = 0 \text{ com } t = 0 \tag{3}$$

Substituindo a Eq. (3) na Eq. (2), obtém-se

$$\text{const.} = - T \log p_0 \tag{4}$$

Das Eqs. (2) e (4)

$$t - T \log p_0 = - T \log (p_0 - p)$$

$$\text{ou} \ - \frac{t}{T} + \log p_0 = \log (p_0 - p) \tag{5}$$

A Eq. (5) pode ser representada em equação exponencial:

$$e^{t/T} {}^{\log po} = p_0 - p$$

$$e^{t/T} \ e \log p_0 = p_0 - p \tag{6}$$

Utilizando a relação $e \log p_0 = p_0$, obtém-se

$$p_0 \ e^{t/T} = p_0 - p$$

$$p = p_0 (1 - e^{t/T})$$

APÊNDICE — III

Dedução das Eqs. (25) e (26) — Capítulo VII

Equação original: $A \operatorname{sen} \omega t - B \operatorname{sen}(\omega t + \phi) = T B \,\omega \cos(\omega t + \phi)$ (1)

Utilizando as seguintes relações da trigonometria

$$\operatorname{sen}(\omega t + \varphi) = \operatorname{sen} \omega t \cos \varphi + \cos \omega t \operatorname{sen} \varphi$$
$$\cos(\omega t + \varphi) = \cos \omega t \cos \varphi - \operatorname{sen} \omega t \operatorname{sen} \varphi$$

a Eq. (1) ficará como segue

$$\operatorname{sen} \omega t \,(A - B \cos \varphi + T B \,\omega \operatorname{sen}\varphi) - \cos \omega t \,(B \operatorname{sen} \varphi + T B \,\omega \cos \varphi) = 0$$
(2)

Para que a Eq. (2) seja válida para todos os valores de t, deve-se satisfazer as seguintes equações:

$$A - B \cos \varphi + \omega T B \sin \varphi = 0 \qquad (3)$$
$$\sin \varphi + \omega T \cos \varphi = 0 \qquad (4)$$

$$\text{ou} \qquad \omega T B \operatorname{sen} \varphi - B \cos \varphi = -A$$
$$\operatorname{sen} \varphi + \omega T \cos \varphi = 0$$

Aplicando o método de Cramer

$$\operatorname{sen} \varphi = \frac{\begin{vmatrix} -A & -B \\ 0 & \omega T \end{vmatrix}}{\begin{vmatrix} \omega TB & -B \\ 1 & \omega T \end{vmatrix}} = \frac{-\omega T A}{(\omega T)^2 B + B} = \frac{A}{+B} \cdot \frac{-\omega T}{1 + \omega^2 T^2}$$
(5)

$$\cos \varphi = \frac{\begin{vmatrix} \omega TB & -A \\ 1 & 0 \end{vmatrix}}{\begin{vmatrix} \omega TB & -B \\ 1 & \omega T \end{vmatrix}} = \frac{A}{(\omega T)^2 B + B} = \frac{A}{+B} \cdot \frac{1}{1 + \omega^2 T^2}$$
(6)

Por outro lado, o teorema diz que

$$\operatorname{sen}^2 \varphi + \cos^2 \varphi = 1 \tag{7}$$

Substituindo as Eqs. (5) e (6) na Eq. (7), obtém-se

$$\frac{A^2}{B^2} \left(\frac{-\omega T}{1 + \omega^2\, T^2} \right)^2 + \frac{A^2}{B^2}\, \frac{1}{(1 + \omega^2\, T^2)^2} = 1$$

$$\text{ou}\quad \frac{A^2}{B^2}\, \frac{1 + \omega^2\, T^2}{(1 + \omega^2\, T^2)^2} = 1$$

$$\frac{A^2}{B^2} = 1 + \omega^2\, T^2$$

$$\frac{B^2}{A^2} = \frac{1}{1 + \omega^2\, T^2}$$

$$\text{ou}\quad \frac{B}{A} = \frac{1}{\sqrt{1 + \omega^2\, T^2}} \qquad \text{Eq. (25)}$$

Da Eq. (4) $\operatorname{sen} \varphi = -\omega T \cos \varphi$ ou $\dfrac{\operatorname{sen} \varphi}{\cos \varphi} = -\omega T$

$$\therefore\quad \frac{\operatorname{sen} \varphi}{\cos \varphi} = \operatorname{tg} \varphi = -\omega T$$

$$\therefore\quad \varphi = -\operatorname{tg}^{-1}(\omega T) \qquad \text{Eq. (26)}$$

APÊNDICE — IV

Dedução da Eq. 27 — Capítulo VII

Vector OP = Parte real + Parte imaginária

$$= OP \cos \varphi + j\, OP \operatorname{sen} \varphi$$

Das Eqs. (5) e (6) da página anterior

$$= \frac{B}{A} \times \frac{A}{B} \; \frac{1}{1 + \omega^2 T^2} + j \cdot \frac{B}{A} \times \frac{A}{B} \; \frac{-\omega T}{1 + \omega^2 T^2}$$

Fig. B

$$= \frac{1}{1 + \omega^2 T^2} - j \; \frac{\omega T}{1 + \omega^2 T^2}$$

$$= \frac{1 - j\omega T}{1 + \omega^2 T^2}$$

$$= \frac{1 - j\omega T}{(1 + j\omega T)(1 - j\omega T)}$$

$$= \frac{1}{1 + j\omega T} \qquad \qquad \text{Eq. (27)}$$

O ângulo da fase do vetor OP é

$$\varphi = \operatorname{tg}^{-1} \left(\frac{\text{Parte imaginária}}{\text{Parte real}} \right)$$

$$= \operatorname{tg}^{-1} \left(\frac{\dfrac{1}{1 + \omega^2 T^2}}{\dfrac{-\omega T}{1 + \omega^2 T^2}} \right)$$

$$= \operatorname{tg}^{-1} (-\omega T)$$

$$= -\operatorname{tg}^{-1} \omega T \qquad \qquad \text{Eq. (26)}$$

APÊNDICE — V

ANÁLISE RÁPIDA DE DEFEITOS NA REGULAÇÃO

Os instrumentos pneumáticos seriam praticamente isentos de manutenção se o ar de instrumentação fosse perfeitamente limpo e particularmente isento de óleo.

Quanto aos instrumentos eletrônicos a tendência é adotar os semicondutores, o que diminui enormemente a sua manutenção.

De qualquer maneira os aparelhos automáticos cumprem mecanicamente só aquela tarefa que lhes foi confiada e não são capazes de olhar e raciocinar acontecimentos alheios a eles mesmos.

Uma vez manipulado apropriadamente, o funcionamento de um regulador depende exclusivamente de fatores existentes externamente a ele. Por exemplo, o vazamento na válvula manual de *by-pass,* entupimento na linha, falta de alimentação do fluido no processo, defeito do purgador num sistema de aquecimento, etc. são as causas do defeito aparente do instrumento.

Portanto, quando acontecer falha numa regulação é sempre recomendado procurar as causas externas em primeiro lugar.

AS CAUSAS EXTERNAS AOS INSTRUMENTOS

(1) Verifique se a válvula manual de *by-pass* não está aberta por engano ou está dando vazamento através da sua sede fechada. Tal fato diminui enormemente a sensibilidade do regulador. Verifique, também, se as duas válvulas de bloqueio da válvula de regulação não estão fechadas.

(2) Verifique as condições de serviço do processo, por exemplo, a pressão e a temperatura, são aquelas previstas para as especificações do instrumento. Por exemplo, numa regulação de temperatura, verifique se o meio de aquecimento ou de resfriamento, como vapor ou circulação de água, está suficiente.

(3) Verifique se a haste da válvula de regulação está correspondendo ao ar de saída do regulador. Às vezes um objeto estranho na sede impede o movimento da haste.

VERIFICAÇÃO DOS REGULADORES

(1) Verifique se a pressão do ar de alimentação está suficiente e constante. A pressão deve ser mantida dentro de 5 a 10% da pressão recomendada pelo fabricante. A falha do redutor de pressão de ar ou a "ressonância" causada por outros instrumentos resulta em falha da regulação.

(2) Verifique se não há vazamento nas conexões ou linhas que interligam os instrumentos utilizando, por exemplo, espuma de sabão. Não confunda o escape contínuo do relê piloto com o vazamento nas corexões.

(3) Verifique a indicação do instrumento. Exemplificando: submeta o elemento sensível a um valor diferente do ponto desejado. Se a pressão de ar da saída do regulador não alterar, é uma indicação de que o elemento perdeu sua sensibilidade.

(4) O coração do regulador pneumático é o relê piloto. É freqüente encontrar acúmulo de óleo nele. Nesse caso, o relê deve ser limpo com solventes apropriados, por exemplo, tetracloreto de carbono, benzina ou tricloroetileno. Deve ser tomado cuidado para não danificar as guarnições de borracha com os solventes.

(5) Verifique se não há entupimento na restrição de alimentação de ar para o conjunto bocal-palheta e no próprio orifício do bocal. Limpe bem o óleo ou a sujeira na palheta com um pano macio ou papel apropriado.

(6) Uma vez verificada a precisão da indicação, deve-se verificar o alinhamento mecânico do regulador. Ao proceder o alinhamento, verifique, primeiramente, a coincidência entre a indicação e o *set point* e depois o mecanismo de detecção do erro e o bloco regulador.

(7) Verifique se os braços (*links*) do instrumento não estão soltos ou avariados pela trepidação ou sobrepressão.

(8) A caixa de um instrumento deve ser mantida estanque para evitar o pó e a umidade num lugar isento de trepidação.

VERIFICAÇÃO DAS VÁLVULAS DE REGULAÇÃO

(1) A posição da haste de uma válvula de regulação deve corresponder à pressão de ar da saída do regulador.

(2) Se a haste deixa de movimentar livremente, deve-se verificar:
   a) O atrito no premestopa (na gaxeta)
   b) Engripamento entre a sede e a contra-sede
   c) O possível objeto estranho na sede da válvula
   d) O acionador (a mola solta ou a membrana furada)

(3) Se a válvula de regulação estiver totalmente aberta e não der a vazão suficiente deve-se verificar:
   a) O acúmulo de sujeira no corpo da válvula
   b) A diminuição de perda de carga admissível na válvula, isto é, a anormalidade nas pressões de serviço provocada pelo entupimento na linha do processo.

OUTROS CUIDADOS

(1) Os capilares para elementos de temperatura e de pressão nunca devem ser curvados com o raio de curvatura menor que 10 vezes o diâmetro do capilar (exemplo: no caso de capilar de 1/8" ext., 30 mm).

(2) O mecanismo de *links* nunca deve ser lubrificado.

(3) Num registrador deve-se tomar os seguintes cuidados:

   a) De vez em quando limpe as penas com água quente ou álcool.

   b) A pena nunca deve pressionar o gráfico mais do que o necessário. A pressão deve ser apenas suficiente para permitir o escoamento da tinta.

   c) O gráfico circular deve ser colocado bem centralizado.

   d) A corda de um relógio mecânico nunca deve ser dada demasiadamente. O relógio mecânico deve ser limpo e lubrificado periodicamente, por exemplo, anualmente.

APÊNDICE — VI

APLICAÇÃO DOS CONTROLADORES

Tem-se várias maneiras de aplicação dos controladores automáticos nos processos industriais dependendo da finalidade. Dependendo, pois, das suas aplicações, é necessário adotar tipos diferentes de reguladores com seus mecanismos próprios.

Em seguida cita-se apenas algumas dessas aplicações.

(1) Controle de única ação

Esse é o sistema de regulação mais comum, que é constituído de uma tomada de impulso, um regulador comum e uma válvula.

(2) Controle de dupla ação

Esse é um tipo de controle onde um regulador comum aciona duas ou mais válvulas por meio de "seqüenciamento" de ação das válvulas ou de comando simultâneo delas.

Tomando como exemplo uma regulação de pressão de um reservatório como o ilustrado na Fig. C, supõe-se que o regulador aumenta seu sinal de saída para um aumento de pressão no reservatório, o que se deseja manter constante. Supõe-se que a válvula de alimentação de nitrogênio é do tipo *ar para fechar* e a de escape, do tipo *ar para abrir*.

Por meio dos posicionadores já explicados no capítulo das "Válvulas de

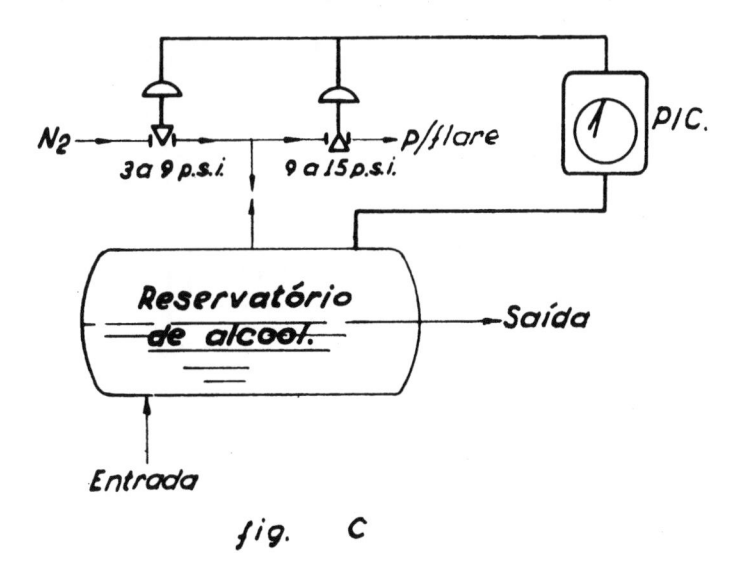

fig.   C

regulação", consegue-se limitar as faixas de trabalho dessas válvulas de 3 a 9 p.s.i. e de 9 a 15 p.s.i., respectivamente, como se mostra na Fig. D.

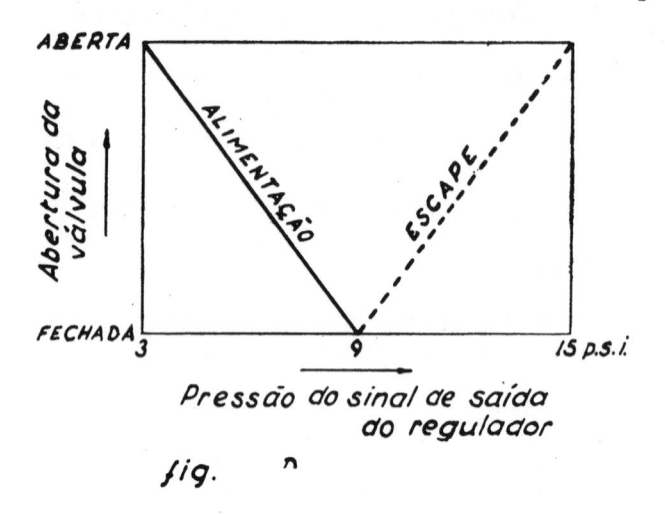

fig. D

(3) Controle em cascata

Emprega-se esse tipo de controle para um processo onde a variável controlada é afetada por várias outras variáveis externas que variam rapidamente, mas o efeito dessas variáveis aparece com muito atraso na variável controlada.

O sistema é constituído de uma tomada de impulso da variável controlada (principal), um regulador comum (principal), uma tomada de impulso

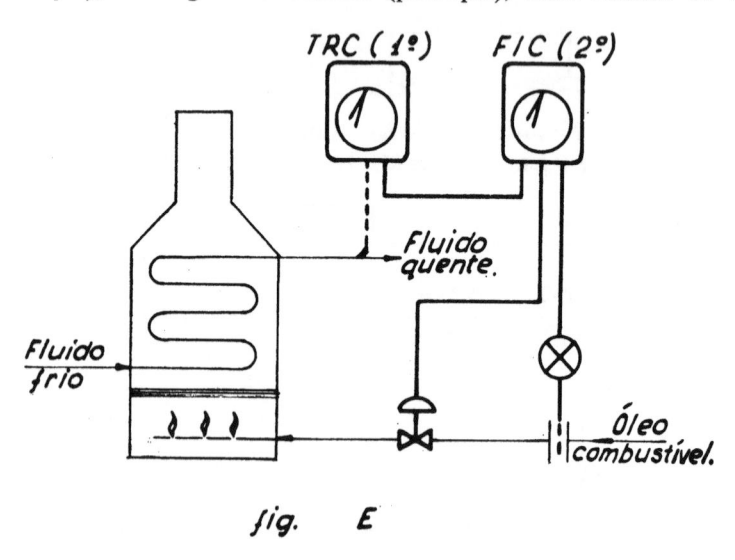

fig. E

da variável secundária, um regulador secundário com um mecanismo especial e uma válvula de regulação montada na variável secundária.

Tomando como exemplo um forno de aquecimento de um fluido, ilustrado na Fig. E, a variação de pressão do óleo combustível naturalmente influi na temperatura desejada, mas com muito atraso. A variação de pressão do óleo pode ser muito rápida e irregular.

Supõe-se que o sistema seja constituído somente de um regulador de temperatura e de uma válvula montada na linha de óleo.

Supondo-se um aumento de pressão do óleo, o regulador sentirá o aumento de temperatura depois de um certo tempo. Mas, quando o regulador emite um sinal para a válvula de maneira que a mesma feche, diminuindo o aquecimento, a pressão do óleo já pode estar sofrendo uma outra variação a menos da pressão normal. Como conseqüência ocorrerá uma grande variação da temperatura.

Para eliminar esse inconveniente será necessário montar um outro regulador que toma o impulso de vazão na linha de óleo. O *set point* desse regulador é colocado automaticamente pelo sinal da saída do regulador principal.

A função do regulador secundário é emitir o sinal corrigido para a válvula, tomando em consideração a variação de fluxo do óleo para o forno de aquecimento.

(4) Controle de razão

Utiliza-se esse tipo de controle em um processo onde se quer manter uma razão fixa entre as vazões de dois fluxos.

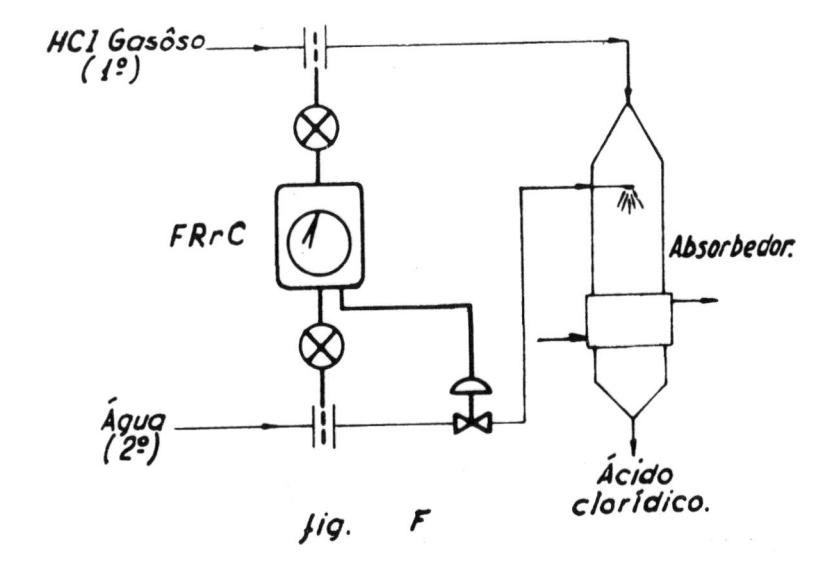

fig. F

A Fig. F é um exemplo dessa aplicação onde se quer manter a concentração fixa do ácido clorídrico de um obsorbedor.

Como se vê tem-se duas tomadas de impulso: uma na vazão da variável primária (controlada manualmente) e outra da variável secundária. A função do regulador é manter automaticamente uma razão fixa entre as duas vazões, variando a vazão da variável secundária, água nesse caso, por meio de uma válvula de regulação acompanhando a variação da variável primária. Naturalmente, o regulador possui um mecanismo especial para essa finalidade.

GRÁFICA PAYM
Tel. [11] 4392-3344
paym@graficapaym.com.br